薛锐霞

著

Lifestyle

理想生活

轻奢人生
实用指南

中信出版集团 | 北京

图书在版编目（CIP）数据

理想生活：轻奢人生实用指南 / 薛锐霞著 . -- 北
京：中信出版社，2020.12
ISBN 978-7-5217-2187-4

Ⅰ . ①理⋯ Ⅱ . ①薛⋯ Ⅲ . ①生活 — 美学 Ⅳ .
① B834.3

中国版本图书馆 CIP 数据核字（2020）第 171412 号

理想生活——轻奢人生实用指南

著　　者：薛锐霞
出版发行：中信出版集团股份有限公司
　　　　　（北京市朝阳区惠新东街甲 4 号富盛大厦 2 座　邮编　100029）
承 印 者：北京尚唐印刷包装有限公司

开　　本：880mm×1230mm　1/32　　印　张：10　　　字　数：230 千字
版　　次：2020 年 12 月第 1 版　　　印　次：2020 年 12 月第 1 次印刷
书　　号：ISBN 978-7-5217-2187-4
定　　价：78.00 元

第一章

身心合一感受生活美好瞬间，自信的自己才是最大的奢侈品

第二章

色彩能触发你的喜怒哀乐

第三章

时尚是一种生活态度，穿衣是一种表达，穿对才是品位

第四章

拥有衣橱智慧，平添生活幸福感

第八章

长期坚持运动的人，从内向外散发出阳光般的能量

第九章

拓展视野和人生半径以及所需要知道的规则

推荐序一
真正的奢华融于日常
——来自芬兰驻华大使的问候

可持续性、经久耐用的质量和永恒的设计理念自始至终是芬兰时尚的关键元素。今天，芬兰也以改变世界的物质和技术创新而闻名。在芬兰，可持续性总是与最佳设计齐头并进。

芬兰是一个将设计融入日常生活的国家。我们认为品质并非由元素的华丽程度决定，而是审美与伦理的和谐共存。在时尚和设计的世界里，需求的概念是从可持续性和长长久久的理念中汲取的，从而做出可以持久拥有的购买决定。走进一个芬兰家庭，你会发现，设计并不是在玻璃橱窗里可炫耀的东西，相反，一件玻璃器皿本身就是一件精心设计的实用物品——设计可以与日常生活完美融合。设计是一种体验，奢华是一种空间感——包括物质的和精神的。

北欧人的生活方式往往与随和、随意和舒适的观念联系在一起。就像人们印象中的那样，羊毛袜、热巧克力、图书馆里的书和壁炉的组合是"北欧生活方式"的全部真理。在我们的观念里，真正的奢华在于让日常生活更美好的、令人振奋的细节，而好的生活方式就是为享受这种细节和奢侈腾出空间。

在这个世界上，更多不意味着更好，相反，少即是多。有意识地做出理性购买决策，升级自己的风格，而不是时不时清空整个衣柜，才是现代生活方式必备的习惯。试着做出正确的决定，一定会获得回报。独特的设计、优良的质量和可持续的生产方式及材料使得芬兰高级时装品牌在世界范围内取得商业成功。我们永远不能停止对美的渴望，应该坚持美学和伦理之间宝贵的、永恒的二元关系。

如我们从玛丽亚·古琦（MARJA KURKI）所知的丝巾，经过时间的检验，已成为一个代表品质和功能的完美象征。丝巾，是一款经典产品。提到丝绸，我们就会想起奢侈品工业的早期。今天，无论有多少合成纤维来挑战它，丝绸的品质都无与伦比。在这个时代，我们正在见证极简主义的繁荣，丝巾则是轻松优雅升级的完美解决方案。它是一种既舒适又美观的东西，既适合佩戴者，也取悦于旁观者。

除了产品，对于我们芬兰人来说，玛丽亚·古琦有限公司（MARJA KURKI Ltd.），这家由一个女人发展起来的企业，正在成长为一家蓬勃发展的国际时装公司，这一故事令人鼓舞，世界需要有远见和胆识的女商人以使未来诞生更多这样的明星。

芬兰人对功能性设计的渴望，源自我们以往所处的严酷天气条件。然而，在不同的时期，功能可能意味着不同的东西。现在的芬兰人可能不像以前那样依赖天气了，但幸运的是，时尚与我们不期而遇。时尚不会诱惑我们买不需要的东西，它的作用是支持我们选择好的生活方式，并为我们的必需品增加额外的价值。

芬兰人相信，时尚可以改变外观。这在我们的个人生活（是的，你穿上自己喜欢的衣服看起来容光焕发），在庞大的时装行业都是如此。我们在可持续设计领域都有自己的角色，我们更需要那些努力为我们带来美丽和公平的时尚玩家。

我要感谢 Caroline（薛锐霞）写了这本书。她抓住商机、把玛丽亚·古琦的设计带到中国的故事是如此珍贵，并给芬兰驻华大使馆带来很大的鼓舞。我也要感谢她通过这本书分享她的优雅和美感。我相信，人们一定会赞同她的观点：品位与财富无关，而自在和明智的选择更重要。

肃海岚（Jarno Syrjälä）

芬兰驻华大使

2020 年 11 月于北京

推荐序二
发现属于你的风格和生活方式

四年前，我从芬兰搬到了中国，现在是北京芬兰商会的执行董事。在工作过程中，我经常遇到企业高管和政府代表。有一次，我做自我介绍时，一位省经贸厅厅长认出了我戴的围巾品牌："你有一条玛丽亚·古琦的围巾啊！我妻子很喜欢这个品牌。"我很兴奋，他竟然如此熟悉这个品牌，同时对自己的穿戴更加自信，庆幸这条围巾是如此的适合我，同时也给我留下了深刻的印象。毕竟，它的颜色和设计都是由 Caroline 亲自挑选的。

我第一次见到 Caroline 是在北京的一次芬兰商会董事会会议上。第一次见面我就受到启发，她以一种非常资深娴熟的方式穿搭得既迷人又优雅。当然，我认出了她身着芬兰设计，但与其说是她穿什么，不如说是她是怎么穿的。我很想向她学习。她的穿搭，一切似乎都很相配：颜色、风格、创意。我们很快就成了好朋友，对生活也有着相似的态度。我们都是商界女人，都热爱西方文化和中国文化，并乐于融入两者之中，都高度重视健康的生活方式。而且，也许最重要的是，我们习惯于自己做决定——常常会与大众预期背道而驰。

自信源于了解自己。但在别人面前要做到真正自信，尤其是在要求很高的商业场合，更要从穿着得体开始。Caroline 在很大程度上影响了我。之前我没有意识到，即使是一件很小的东西，如果穿戴得当，也会产生意想不到的效果。我经常敦促 Caroline 写文章来帮助像我这样因工作需要而经常"暴露"在各种场合或成为焦点的人，以及那些需要知道如何展现他们最迷人一面的人，现在，"大使馆里走出来的丝巾女王"真的开始写东西了，并且是写了一整本书！

Caroline 写这样一本书，简直再合适不过了。她的影响力是不可否认的、独特的，她的作品以创造性的方式结合了西方和中国的元素。Caroline 说："品位与财富无关，自在和明智的选择更重要。"这不仅限于风格，简直就是对每一位现代女性实用的品质生活指南。我确信 Caroline 有能力让你惊喜连连，并让你在不知不觉中发生改变。读完这本书，你肯定会感到更加自信，并且可能会开始喜欢那些以前令你感到不安的场合。

我最近搬进了一个新公寓。当整理衣柜时，我发现了很多我甚至不记得拥有的衣服，因为我从来没有穿过。为什么这些衣服还在衣柜里？这是一种以备后用的心理。就像一个朋友曾经说过的：我们准备把所有旧 T 恤都留作今后做园艺用，但我们并没有花园。这是一个道理。又到了断舍离的时候了，不过，多亏了 Caroline 的明智建议，我这下知道了如何避免浪费。

我很荣幸，也很感激在我们相识的这些年里和 Caroline 进行的所有讨论。我相信这本书将帮助读者找到属于自己的空间、风格和对自己生活方式的信心，帮助我们在这个对我们要求非常高的、繁忙的现代环境中奔忙。生活就是用来经历的，这种生活态度会使生活更轻松、更愉快。她像其他很多人一样激励了我，我相信你也会受到启发。

吴兰（Ulla Nurmenniemi）

芬兰商会执行董事，

北京芬华兰云商务有限公司首席执行官

2020 年 11 月于北京

自　序

　　我从小喜欢扮靓。在上海静安区西康路三小上小学的时候，我每天要沿着陕西北路穿过南京路去上学。虽然本来可以乘24路电车去学校，但我天天走路上学，为的是看到沿途商店的橱窗，在南京西路溜达一下再回家。精美的橱窗给我各种美丽的遐想，我陶醉在各种颜色、形状的商品的展示中。虽然那时候的商品远不如今日丰富多样，但当时的我已经相当满足了。

　　我妈妈是上海姑娘，她在曾经的少女时代的那一张张印有"上海照相馆"的黑白旧照片上"展示"过各种款式的连衣裙。那些被那个时代称作洋装的连衣裙对于70后的我们太时髦了，我把那些美丽的连衣裙改成半裙，美得不行不行的。那条白底带花纹的有酒红色边框的方形丝巾是妈妈给我的传家宝，我围在当时流行的中式棉袄罩衫的领子外，到处显摆，一直把它戴到变成了一绺一绺的布条为止。或许是在母亲的影响下，我和时尚结下了不解之缘。

　　上中学的时候，我迷上了做小裁缝，给小闺密们做时髦的喇叭裤和连衣裙，忙得不亦乐乎，自己穿的衣服都是DIY（自己动手制作），当时能买到的时尚衣装实在太少。在那个商品匮乏的年代，我愣是把自己整成了香饽饽，找我做"私人定制"的同学排成了队。后来为了升高中，我被迫放弃了"私活儿"（没有报酬，那时候谈钱是罪恶的），在"学好数理化，走遍天下都不怕"的年代，很不情愿地去啃书本，夜战备考了。

从上海外国语大学毕业之后，同学们都去了新华社、外交部、高校等高大上的单位，我选择了到中国丝绸进出口公司做外贸。现在回想起来，我肯定是下意识选择了纺织，选择了和时尚相关的丝绸行业。虽然从比利时布鲁塞尔欧盟翻译司毕业后我也曾经被邀请去某使馆做大使翻译，但仍念念不忘小时候那个做"小裁缝"的我，所以一直深陷纺织时尚相关行业，不能自拔。

说是命也好，激情也罢，总之对我来说，做与时尚相关的行业就对了，整个人从头到脚都舒坦了。

离开外贸国企，我抱着一纸箱的办公文具搬进了芬兰驻华使馆，开启了创业之旅。1993年5月，我开始为芬兰品牌玛丽亚·古琦工作，渐渐为其打开了中国市场，并创建了一个针对知性女性的时尚配件品牌。我从零销售、零顾客、零员工开始，拉着一大箱子丝巾样品去各种场合讲丝巾搭配、丝巾和肤色的关系、丝巾的系法。我常常用这句话开场："丝巾不是用来抵御沙尘暴的，它能让你变得更优雅……"

从1994年到2019年，玛丽亚·古琦在中国最多的时候有70多家店铺，现在在主流电商平台上有6家店铺、100名员工。中国早已成为玛丽亚·古琦最大的市场。

我有时仍旧和小时候一样戴上一条酒红色边的方巾，自信地出现在办公室，每天对设计师提交的各种设计提案进行甄选、反馈和修改，很多时候自己也参与各种产品的设计，和芬兰、中国的设计师们一起工作充满了各种乐趣。我对色彩、时尚的激情从没有改变过。

创立一个品牌不容易，发展、延伸一个品牌更不容易。玛丽亚·古琦是一个靠丝巾起家的品牌，如今在我的策划和折腾下，玛丽亚·古琦品牌延伸至羊毛围巾、晴雨伞、帽子、手套、小皮具等众多配件领域，成为一个名副其实的配件品牌。当然，这个过程是艰难的，其间我经历了漫长的自我提升过程。除了学习如何经营管理、更新自己的商业思维之外，为了更好地和设计师沟通，我还学会了熟练使用 AI（Adobe Illustrator）、PS（Photoshop）等设计软件，用设计语言和设计团队沟通，到最后自己做终稿修改；为了拓展视野，我拿到了美国室内设计学院（Interior Design Institute）的毕业证书，借此整合了在工作中学习的支离破碎的设计理论。设计是相通的，只是在不同的领域应用而已。

我去过无数次巴黎、米兰、纽约，不断感受国际都市的氛围、人文和时尚气息。我喜欢坐在巴黎香榭丽舍大道的咖啡馆里一边喝咖啡一边看人，或者坐在左岸圣日耳曼大街的咖啡馆里挤满了人的桌子边听巴黎人或者美国游客闲聊，观察他们的衣着；我在纽约第五大道上一逛就是大半天，就像小时候逛南京路那样流连忘返。我们学语言的人其实没有专业，我对自己所谓的英美文学专业也只是学到了皮毛，我们最大的优势就是提包就走的能力，以及庞大的由互联网带来的中文以外的信息，这种和世界信息无缝衔接的能力是无法被翻译或者翻译软件完全取代的。知名心理学学者武志红讲过一个"边界"理论，这个理论讲的是有些人的边界很小，离开家出国之后就会生病，回到家就活蹦乱跳。其实，我觉得边界小或许也是一种太多的未知造成的不确定感。而我们这些学语言的人的边界相对就会大些，在任何地方的不自在感也会少很多，这样在无形中世界就都是我们的，这样的人生是不是会有更多的选择呢？在世界范围内，有很多通用的价值观和准则，中国人也应该更多地融入这种行为准则当中，我觉得这对中国人来说是一种机会。

很多朋友说：你天天搭配得如此得体和谐，为什么不去教人怎么穿衣搭配？其实，我更愿意做实业，愿意看到自己设计和开发的产品让更多人变得美丽和优雅。那么，教人这件事就交给这本书吧。世界的舞台属于勤劳勇敢的中国女人，你们值得拥有！在你们登台之前，我希望能助你们一臂之力。

第一章

身心合一

感受生活美好瞬间，

自信的自己

才是最大的奢侈品

美不美取决于你自己是否看得起自己。

——伊娜·德拉弗拉桑热（法国超模）

从内到外做自己

每个人都会经历不同的成长阶段，都会迷茫，也都会有不接受自己的时候。根据我自己的经历，做到身心合一、活在当下、做回自己的时候往往是最自在的，也是最自信的，自信的自己是最美的。在外人看来，我的职业生涯是如此顺当、一路坦途，认为我内心强大、无往不胜。然而现实却不是这样。在漫长的自我怀疑、自我焦虑和无助的阶段，我寻求过很多方法，得到的最有用的建议是：我需要先爱自己才能提升情商，尤其是同理心（当时，我很困惑，不知道如何爱自己）。我慢慢试着接受自己内心真实的想法，读经典的心理学书籍，练习了正念专注法。这些都对我内在的管理有所裨益。

我从小接受的教育是克制自己，奉献他人。对我们来说，照顾自己的情绪是自私的行为，所以"情绪"这个词在我自己的生活词典里属于奢侈品类，"不能示弱，有泪不能轻弹"这种英雄加超人的教育使我们各个都成了打不败的超女、超妻和超人妈妈。但在心理学中，这是一种极其不健康的做法。这会让我们过度压抑自己的情绪，背负过多的责任，积聚过多的负能量，在这种情况下我们只能委屈和敷衍自己，哪有机会去爱自己？剁手党的各种买买买不能从根本上解决内心的焦虑，只能给自己片刻的麻木，用一个兴奋点去掩盖内心的痛。在这种为别人而活的日子里，我很难想象人的外表能多么自信，目光能多么友善，举止能多么优雅。相比之下，现在的 90 后和 00 后已经无须承担太多责任了，他们更自我、更任性、更随性，也更愿意为自我而活。

在不断地努力下，我总算学会去感知自己内心的真实感受，不给自己过早地妄下结论，这需要真正触碰到自己内心最深的层面，感知并体验自己的本我需求，这样才能更好地去面对自己最脆弱的内心深处，只有把内心的碎片收拾妥当，也就是及时处理自己的情绪和感受，而不是去压抑它们，才能具备内聚力量的条件，只有处理好自己的情绪才能打好自信人生的基础。唯有获得内心的平静才有机会爱自己，只有专注自己的内心才能获得内心的平静。

忠于内心是自信的基础

专注的力量是巨大的。

自然界里有太多滴水穿石的例子，从这些例子中我们就可以看出专注的力量。我们如今生活在一个到处是诱惑和干扰的世界里，有那么多的社交媒体需要我们去关注，有各种信息和事件需要我们去查看，我们的时间和关注力被肢解成碎片，疲于应付，总是先处理紧急和简单的事情，往往把自己放置于各种兴奋点中，忽略自己内心深处的痛点。丹尼尔·戈尔曼（Daniel Goldman）在他的《专注力》①一书里介绍了三种专注力量：一种是对内的专注力，一种是对他人的专注力，一种是对系统和体系的专注力。我们的很多关键能力是建立在专注力之上的：内在的专注力使我们可以聆听内在的直觉和价值观的声音，让我们做好对内在和心理的管理；对他人的专注力可以让我们处理与他人的关系；对外在大系统的关注力使我们能调整自己与外界的互动，避免墨守成规。关注内心的感受是关注他人和世界的基础，三种专注力能让我们在快乐和效率之间取得平衡。

专注力的成功案例有很多，包括1万小时定律，还有企业管理中专注自己的强项、做好精准的市场定位等都是在讲滴水穿石的道理。此外，我们还要做好减法，生活和工作一样都需要断舍离，减去不重要的部分，专注于重要的事情。就像那个著名的诺

---

① 《专注力》一书由中信出版集团出版。——编者注

基亚的故事。诺基亚在成为手机帝国之前，减掉了许多业务，包括造纸、橡胶鞋子等多项业务，专注于手机研发才取得了当时的成就。虽然这个帝国之后因管理层的战略调整不及时而轰然倒塌，但不能磨灭它曾经的辉煌。1 万小时定律是说一个人在做好、做精一件事情，学会一个技能之前需要花费 1 万小时，1 万小时就是 3~5 年的时间。多元化有时意味着低效率。一个简单的例子就是你数完 26 个字母再从 1 数到 26 的时间比数穿插数 A1、B2、C3……要快很多倍。在分心或者从事多头工作的状态下，人的智商会降低。心理学家乌申斯基说过：专注是我们心灵的唯一门户，意识中的一切只有通过它才能进来。这是因为专注力是智力的五个基本因素之一，是记忆力、观察力、想象力、思维力的准备状态。只有投入了专注力，我们才能集中精力认知事物、感知事物。

只有身心合一，才有机会感知世界

我对身心合一的理解就是只要你的身、心、灵保持一致，你在生活中就会变得自信。每个人都有自己的价值观，在看待事物时，不是从潜意识到思想以及践行都能保持相对一致和统一的。有人为了父母的期望放弃自己的理想和追求，为了责任会委曲求全。我们经常会看到一些励志的口号，"与其伪装成别人不如用短暂的生命做回自己"（Life is too short to pretend to be someone else）就是其中之一，这也是那些为别人活着的人需要改变的呼声。为自己活着、为自己的心灵渴望活着是很多事情的根基，我们需要呵护自己的那颗心，不能让它扭曲。这是你自在的基础，是你精神层面的奢侈品，是一种宝贵的能量或者愿力。我认识到这点也是最近 10 年的事情，之前的日子我大都在完成自己的职责和责任，忽略了自己内心最真实的情绪和感受。我已经算是我们这代人中非常随性的了，一个学西方文化和语言的人，放弃了国企衣食无忧的生活和工作，从零开始经商，从零打造一个配饰品牌。而这确实是我当时内心的愿望，我没有委屈自己。在这条路上，我也是一直跟随着自己的直觉，一步一步把企业从一个以丝巾为主的品牌做到羊毛羊绒围巾、皮具、伞、包类、帽子、手套等全配饰产品线的多元品牌，把一个人的团队发展到百人团队，把一个从燕莎、赛特、国贸起家的传统零售业一直扩大到现在以线上为主的新零售业态。这些不能说我没有遵循自己的内心。但是回头看来，我或许可以在企业责任、作为母亲的责任、家庭责任和我自己要什么当中有更好的平衡，能更多地听从自己内心的愿望，从而产生更多的价值感，最终能更好地回馈他人。不过，我可以给当下自己的真实感打 90 分。

专注需要怎么做呢？专心体验自己内心世界的徘徊，每周至少有半天什么都不做，放空自己，拿一张纸写下脑子里所想的东西。

专注力是可以训练出来的，就像肌肉一样可以对其赋予记忆。有一种叫作"25 分钟番茄钟"的方法，就是说训练自己建立每次 25 分钟的专注力，每次给意识一个信号启动 25 分钟的专注力。

　我的专注力练习主要靠正念的方法。根据美国麻省大学医学院正念中心乔恩·卡巴特-津恩（Jon Kabat-Zinn）博士的多年研究，正念可以使人提升各种效能、抵抗工作压力甚至治愈疾病。越来越多的企业开始把正念融入管理和企业文化当中，其中包括谷歌、雅虎、耐克等国际企业，多家美国大学包括哈佛大学等也对企业正念训练进行了多年研究。在美国正念领导力学院 2009—2010 年的调研当中，来自不同企业的管理者都认为：正念训练为他们创造出空间，带来更多创意灵感，加强了他们聆听及理解自己和他人的能力，明显改善了他们的战略思考能力。有很多小程序就是练习正念的，我们可以跟着主播一起呼吸，关注呼吸、呼吸的均匀度，甚至呼吸的气息对鼻翼的震动，用想象力去扫描身体，从头顶开始逐步向下一直到脚尖。哪怕每天 5 分钟的练习对于对内注意力的提升都是有作用的，如果能做到 30 分钟就更好了。在这 30 分钟里放空自己，专注于自己的情绪变化，捕捉会影响自己情绪的事情，找出根源，并处理这些事情，进行一个了结。不要小看这个了结，对于未了事务的纠结会对我们的情绪造成巨大影响，日积月累甚至会让我们积劳成疾。除了正念练习可以加强关注力，自己一个人独自散步也是一种很好的关注力练习，可以理清影响自己情绪和感知的因素并做好了断。我的经验就是放空后的自己，能列出一系列要做的事务清单，并把它们分别放入日程表中，不再牵挂。

激活自己的感官，感受生活中的美好瞬间

只有专注地认知自己的内在需求，并满足这些内在需求后，我们才有能力去专注他人和外界。我明显感到正念练习对我的幸福感提升有很好的作用，同时也像激活了自己的感官，对外部世界的观察力和认知力也有很好的提升。有兴趣和精力去关注他人的需求，关注更多美的事物，感受美好的瞬间，这一切都是在自己内心的需求被关照后，自己底层操作系统恢复正常运行的结果。俗话说：不是没有美的存在，只是缺少看到美的眼睛。我对这句话的理解就是，大家没有精力去关注美，没有精力的原因是灵魂和感官之间缺少对话，或者说像经络不通一样，堵了。

我自己的体会就是要不时地放空自己，去大自然中走走，那种能量是巨大的，这也是北欧人那么幸福的原因。他们经常在森林中度过各种时光，尤其是夏天，他们在原始的木屋里面过那种原始的生活，在木炭烧热的桑拿房里用白桦树树枝抽打裸露的身体，坚信这能驱逐一切病痛。最早很多芬兰人在桑拿房中接生，他们相信桑拿房中燃烧的木头和水蒸气是最好的消毒品。他们从纯净的湖中取水饮用，从森林里采摘蘑菇和浆果，过着有机的生活。他们相信自然界中的植物和动物能给人无穷的治愈力量，相比上帝他们更信奉自然。很多养宠物的朋友都能感觉到宠物带给人的治愈力量——使人有更强的抗压能力。

艺术展览、电影、音乐、旅行和阅读都能让人感到陶醉，让我们发现生活中的美，让我们的感官变得更敏锐。这就是为什么

人们说：身体和灵魂必须有一个在路上。

正如《坛经》中所述：身是菩提树，心如明镜台；时时勤拂拭，莫使有尘埃。

真正的奢侈品是自信的态度

清华大学社会科学院的彭凯平院长说：心理学已经发现，幸福是一种有意义的积极体验，不光是感觉"爽"就完事了，还要有丰富的身心体验。你要知道它的意义，知道它的价值，知道它对你、对别人有什么影响，才能产生真实的幸福。我们应该时不时地给自己创造一种投入感，体验做某件事时的忘我、沉浸其中的感觉，这种感觉是有治愈效果的。如果你愿意并喜欢去做某些事情，就有机会体验到这种感觉。只有知道自己内心或者灵魂的真实需求（做到这点不容易）才能去满足这种需求。另外，我们平常也许太忙、太着急，以至于心无专攻，这也是影响我们幸福感的原因之一。我们做的作品、工作或者某些事情，有结果、有效果、有感应，才会让我们产生自信、成就感、价值感，进而产生幸福感。所以我认为，找到自己想做的事情并全情投入是自信的基础，投入后的结果对其他人有价值就会给自己带来自信和幸福。举一个不太恰当的例子就是，在飞机上先要给自己系好安全带，才能给儿童系。

卓别林 70 岁时写给自己的诗，其中关于本真和自信的部分

　　　是这样的：

　　　　　　当我开始真正爱自己，

　　　　　　我才认识到，

　　　　　　所有的痛苦和情感的折磨，

　　　　　　都只是提醒我：

　　　　　　活着，不要违背自己的本心。

　　　　　　今天我明白了，这叫作

　　　　　　"真实"。

　　　　　　当我开始真正爱自己，

　　　　　　我才明白，

　　　　　　我其实一直都在正确的时间，正确的地方，

　　　　　　发生的一切都恰如其分。

　　　　　　由此我得以平静。

　　　　　　今天我明白了，这叫作

　　　　　　"自信"。

　　　　　　当我开始真正爱自己，

　　　　　　我不再渴求不同的人生，

　　　　　　我知道任何发生在我身边的事情，

　　　　　　都是对我成长的邀请。

　　　　　　如今，我称之为

　　　　　　"成熟"。

当我开始真正爱自己，

我不再继续沉溺于过去，

也不再为明天而忧虑，

现在我只活在一切正在发生的当下，

今天，我活在此时此地，

如此日复一日。这就叫

"完美"。

接受不完美的自己

我们这个时代应该是精神的，不再是纯物质的了。真正的内心强大在很大程度上需要接受自己的不完美。由于我们生长的环境，以及从小家长对我们的有条件的爱，很多人对自己的要求极高，甚至要求完美，如果犯错了，就会觉得自己不值得被爱。家长一直拿我们和别人家的孩子去比，从小我们就知道拔尖，就知道竞赛。我就是典型的完美主义者，对自己的要求过高，无法接受自己犯错，无法接受自己的不完美，一直在努力活成中国大多数人的价值观中的好人。花了很多时间，我才明白自己不必活成任何人希望的样子，只有这样才能不去评价自己。我也是在近 10 年才逐步懂得接受自己的不完美，人要是完美就太累了。

有一个著名的 TED 演讲名叫《脆弱的力量》(*Power of Vulnerability*)，演讲者布伦·布朗（Brene Brown）是社会工作研究员，她说：很多人生活在恐惧和羞耻之中，他们觉得自己不够好、不够美丽、不够苗条、不够吸引人，总有很多"提升空间"（弱点的美化说法）。布伦说力量来自能拥抱自己的脆弱，麻木自己脆弱一面的人会麻木自己所有的情感，包括自己的快乐、感恩和幸福等。我认为，拥抱脆弱和接受不完美都是一个人成熟路上的一道坎儿。只有接受了自己的不完美才有真正的自信，自信的人内心才有真正的力量，这是一切物质的基础，只有做到这一点才能由内而外地散发出独特的个人魅力。

真正的奢侈不在于用多贵的包包，而在于拥有一种态度、一种自信：接受自己的不完美，忠于自己的内心，开心地活着。只要拥有了自信，一切便唾手可得，那种自信幸福的磁场是由内而外的光环，完胜所有的奢侈品。

第二章

————

色彩能触发

你的喜怒哀乐

每人都有自己的色彩 DNA

　　每年三八妇女节我都非常有幸地给许多企业（微软公司、中粮集团、中国电信、中国银行等）主讲各种生活美学讲堂（讲色彩搭配、穿搭、丝巾用法、各种场合着装）。我发现，无论在 IT（信息技术）公司还是在银行，听众们最想知道的一件事就是：自己的肤色到底属于什么类型？　搞清楚自己是冷色还是暖色皮肤其实是很多问题的基础。有些人非常关注色彩，能灵活使用色彩并使自己的 look（外形）看起来很令人愉悦，能用色彩把家里布置得舒适自然，但生活中有很多人在袜子颜色的选择上都会有选择恐惧。色彩在造型艺术和设计当中是很主要的影响因素。

　　20 世纪 90 年代，有一个非常知名的英国色彩顾问机构叫"Colour Me Beautiful"，它把色彩分成了春、夏、秋、冬四种类型，其实就是四个象限。它还会给每个会员准备一个色卡本，会员购物时就带着这个色卡本，以便买到适合自己的服装、配饰。在我看来，这样做虽然有工具可用，但未免有点刻板，在现实生活中很难做到每次购物都带上色卡本。其实，把自己的肤色归纳成这四组颜色中的一组，生活就会简单很多。在某些情况下，一个人的肤色可能适合两组以上的颜色，但这种情况不多见。

　　大家都知道红、黄、蓝三原色，也知道色谱的存在，但很少有人注意到肤色可以简单分为最基本的 4 个象限：深暖色、深冷色、浅暖色、浅冷色（见下图）。很多人由于不知道自己最适合的颜色是什么，就会跟随潮流，流行什么就买什么，而买回来又觉得穿着不好看，就带着吊牌放在衣柜里，一放好几年。

颜色测试巾

色彩属性

我们要谈色彩，就不得不从色彩属性谈起，虽然这个话题有些枯燥。

– 色彩的冷暖色和 YB 基调理论 –

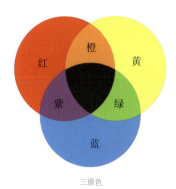

三原色

三原色大家都很熟悉了，传统意义上的冷色就是蓝色、紫色和绿色，暖色是红色、橙色和黄色。

冷色与暖色

在色彩的 YB 基调理论中：Y 代表黄色，是 yellow 的缩写；B 代表蓝色，是 blue 的缩写。这个理论的核心就是色彩只分为与黄色相关的颜色以及与蓝色相关的颜色。

给人温暖感觉的颜色被称为暖色，反之，给人以寒冷感觉的颜色被称为冷色。暖色的基调色是红、黄、蓝三原色中的黄色，冷色的基调色是蓝色。

暖绿色

冷绿色

绿色分为
冷绿色和暖绿色

暖红色

冷红色

红色分为
冷红色和暖红色

蓝色条
左边比右边暖

无论根据哪个理论，冷暖能很直观地在色环图上看出来：黄绿色属于暖色，偏蓝色的绿色属于冷色，偏黄色的红为暖色，而偏冷色的红为冷色。

而冷暖是相对的，比如明度高的蓝色比明度低的蓝色要暖很多，所以色彩是一个视觉概念，不要被理论所迷惑。

色彩的属性和基本特征在视觉上有一定规律：冷色，代表理性，在视觉上有收缩感；暖色，代表感性和热情，在视觉上有扩张感；深色，代表沉稳；浅色或者高明度的色彩代表平和，也有视觉扩张感；中性色（黑白灰和米色），代表安全和中性。高饱和度色彩具有向前和突出的特性，而低饱和度、低明度色彩则有后退和隐藏的特性。这种规律也解释了为什么个性张扬的人更愿意穿高饱和度的颜色，而个性低调的人更愿意穿安全的中性色和低饱和度的颜色了。

- 色彩纯度 -

色彩的纯度给人的第一感觉是色彩是否纯正，最纯的颜色我们称之为红、黄、蓝三原色。其他颜色都是这三种颜色混合出来的效果。我们看下图，最纯的颜色在外圈，我们称之为纯色色环，每一个扇形切割代表一个色相（Hue），色环的每一圈为不同的纯度。

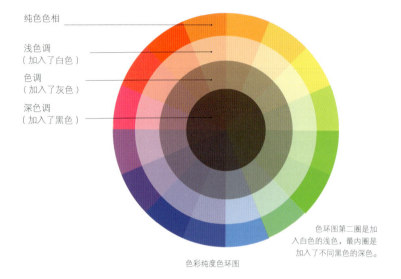

纯色色相

浅色调
（加入了白色）

色调
（加入了灰色）

深色调
（加入了黑色）

色环图第二圈是加入白色的浅色，最内圈是加入了不同黑色的深色。

色彩纯度色环图

－ 色彩的明度 －

　　明度是指这种颜色是否够亮。明度是颜色里面加入不同的白色的一个衡量方法，明度越高越接近白色。

明度高

明度低

色彩的明度

如何判断自己适合什么颜色

— 观察法 —

在阳光下观察一下自己血管的颜色。有人是紫色的，有人是偏绿色的。如果你的血管是紫色的，那你就是冷色皮肤；如果是绿色的，那你就是暖色皮肤，适合暖色的颜色。或者，把色环分成 4 个象限——深暖、深冷、浅暖和浅冷，自己拿这些颜色放在脸部附近，对着镜子观察自己的肤色变化。如果肤色变暗了，那就说明这种颜色不适合你；如果肤色变明亮了，那就说明这组颜色就是你的色彩 DNA 了。

— 衣橱归纳法 —

如果觉得麻烦，那就理性地使用"大数据"法则，观察一下自己常穿的颜色是什么。如果是藏蓝色、深松石蓝，那你的专属色就是深冷色，也就是三原色里面的蓝色加入了黑色；如果穿的次数最多的是和酒红色、枣红色接近的颜色，那么适合你的颜色就是深暖色；如果你的衣柜里与红色相关颜色的衣服都挂着吊牌，或者只穿过一次，而常穿的是浅蓝色、薄荷绿，那么浅冷色就非你莫属了；同理，如果你常穿的是各种不同的粉红色，那么你就属于浅暖色。

绿色是一个很神奇的颜色，是介于冷色和暖色之间的中性一些的颜色，偏黄色的绿色属于暖色，而偏蓝色的绿色属于冷色。

　　有些人只穿黑色的衣服，很少穿彩色的衣服，原因就是这些人其实适合穿深色，但由于不清楚自己是属于深暖还是深冷，觉得有可能穿不对，就干脆只穿黑色，因此失去了尝试穿彩色衣服的机会。事实上，颜色会说话，是视觉传达最有效的一个元素。

– 金属测试法 –

　　有人喜欢使用金色饰品，有人喜欢用银色或者白金饰品。如果你是前者，那么你就是暖色皮肤，反之就是冷色皮肤。

– 眼睛、头发颜色判断法 –

　　暖色皮肤的人通常拥有棕色、琥珀色、金色、红色的头发或者褐色的眼球，而冷色皮肤的人则通常拥有蓝色、绿色或者灰色的眼睛和浅亚麻色的头发。

　　每个人适合的颜色范围和自己的皮肤底层色素以及血管颜色有关系，没有比自己更权威的人能通过以上 4 个方法给自己做诊断了，不用花冤枉钱就能做色彩诊断，最实际的就是：照镜子、照镜子、照镜子。

　　说到这儿，可能有读者要问：如果我的肤色是浅暖色的话，那就不能再尝试其他颜色了吗？我的回答是：把与浅暖色相关的颜色用于上衣或者接近面部的位置，比如丝巾或者项链上；离自己面部较远的地方，比如鞋子、裤子、裙子就不需要那么严格了。这样，就可以尝试不同的颜色，尤其是在需要用浅蓝色和粉红色做撞色的时候。粉红色的裙装，点缀一双浅灰松石蓝色的皮鞋，视觉效果就很出众。

色彩的面积是主要游戏规则

在色彩搭配上，大面积运用色彩还是用小面积做点缀给人的视觉效果完全不同。下面两张图都是使用绿色，一个是小面积使用高纯度绿色，另外一个是用绿色做较大面积的修饰。小面积点缀的效果给人以精致感，大面积地使用彩色传递出比较有活力的感觉。

如果你适合的是深冷色，那么你可以用藏蓝色做搭配的主颜

小面积点缀传递精致感

大面积使用彩色传递活力感

色，用可以和蓝色搭配的绿色、米色、浅咖色，甚至珊瑚色等偏暖的大地色系列做小面积搭配。当然，这些搭配色的饱和度或者说鲜艳度不要太高，否则会画蛇添足。

其实，一身深冷色的装束不会比一身浅粉色更难把握。如果

绿色和棕红色、藏蓝色搭配

你适合的是浅色，会遇到一系列挑战，比如：浅色有扩张的作用，如果你的年龄超过 30 岁，穿一身粉红色会显得没有那么稳重，这时你可以用灰色或黑色的裤子或裙子与粉红色调色，削弱粉红色的扩张作用。你唯一需要避免的就是上下身冷暖撞色的比例是一比一，这样颜色就失去主次，会引起视觉的无序感，从而造成视觉上的不舒服。增加面积的方法可以是加同色的手袋或者鞋子。

主色粉红色用灰色
白色去调色

所以，主色是你适合的颜色就可以了，用其他中性色或者撞色的颜色去做小面积搭配，这样会更有视觉的愉悦感并添加一些设计品位和自我视觉调性。

大面积主色为绿色，黑灰等中性色只是点缀

如果你的工作环境需要你更沉稳，那么选择黑、白、灰、米色等比较中性的颜色会安全一些。在这种情况下，你可以用适合自己的小面积彩色去做点缀，增添一些自己的个性特点会给人美好的感受。

主色为中性色，加小面积的有彩色做搭配效果比较低调平和

色彩与情绪的关系

根据色彩心理学理论，颜色会传递不同的信号，也会触发人们相应的感知和情绪反应。

蓝色传递的是：冷静、理性、有判断力等沉稳的情绪特征。深蓝色在一些理论中代表意识思想和逻辑。很多高科技或者说用脑比较多的公司，它们的标识都是蓝色的，比如 IBM（国际商业机器公司）、微软等，用蓝色做公司标识的科技公司太多了。在中国，西装卖得最多的颜色就是蓝色。我们公司蓝色的领带比其他颜色领带加在一起的销量还高，因为只要穿西装打领带的，基本都是职场人士。职场人士都需要理性的蓝色，这是亘古不变的真理。

红色传递的是：热情、活泼、高能量等情绪信号。而运动型公司的标志很多都用红色，比如李宁、Kappa（卡帕）、彪马、安踏等。

橙色传递的情绪特征和红色非常接近。

黄色传递的是：明朗、快活、自信、希望等情绪信号。在一些理论中，黄色是人的动力。但黄色的应用范围不大，尤其是在衣着方面，很难使用好。当然，姜黄或芥末黄也是近年的流行色。

绿色传递的是：与新鲜、自然相关的平和的情绪信号。

总之，色彩从无色到有色，相对应的情绪由低到高。黑色传递的是没有情绪，有些行业需要避免情绪干扰，这些行业基本都用黑色作为着装主色，比如律师、神职人员等。

色彩明度从低到高，相对应的情绪也由低到高。明度较高、饱和度较低的颜色的情绪特点是：放松、不紧张、心情舒畅。这些颜色多用于 SPA（水疗）、度假休闲场所，但用在面试和重要场合未免给人一种"慵懒"的感觉。

人们的注意力会寻找情绪高的焦点，比如红色比其他所有颜色的情绪都高，很容易被注意力捕捉到。我们可以利用色彩的这个特征把需要突出的部位用高情绪值的颜色去点缀。我就很喜欢穿大红色的一步裙，因为我腿长，修长紧身的一步裙能充分展现我的下肢，再配上裸色高跟鞋，我的下身就显得超长，而临近面部我正好可以用粉红色，这样整身造型是由不同层次的红色同色系搭配。由于有非常平缓的过渡，这种搭配比较简单，传递的情绪也是平缓和谐的。

色彩的搭配原理

色彩搭配的宗旨就是看上去令人愉悦和轻松，那如何能让色彩搭配看上去自然和不经意，又十分和谐呢？其实也不难，色彩搭配原理无非分三大类：一类是同色系搭配，另外一类就是近似色搭配，还有就是撞色（或者补色）搭配。当然，用好变幻莫测的色彩无异于运用各种音符去创作不同的乐曲般神奇，一旦掌握色彩的基本搭配，你就已经是半个设计师。色彩的搭配能创作出戏剧般的、令人惊讶的、优雅的、平静的等各种不同的情绪效果。

同色系搭配就是色相相同、但明度和纯度不同的颜色做搭配，这样的搭配风格比较优雅平和，也比较容易掌握、很安全、不易出差错。

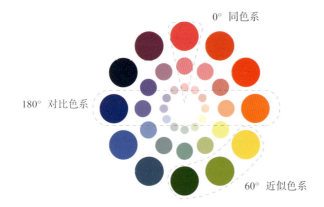

色彩搭配原理图

同色系：在色环上的角度为零

同色系绿色

同色系黄色和米色搭配

近似色搭配就是色环图上相邻的颜色搭配，比如绿色和蓝色搭配，这样的搭配视觉上比同色系更活泼一些。

丝巾上宝蓝色和橄榄绿色搭配
属于色环上相邻的近似色搭配

蓝色和绿色搭配属于色环上
相邻的颜色搭配

第三种搭配就是撞色搭配，这种搭配有大撞色和小撞色搭配之分。这种搭配方法快乐指数最高并充满戏剧效果，尤其是在撞色的面积达到 40% 的时候，视觉冲击力是相当强烈的。当在服饰搭配中使用撞色的时候，纯度低的颜色撞色视觉效果会比较柔和，纯度高的颜色撞色视觉效果会非常醒目和特别，后者使用场合是沙滩等阳光明媚的场合或者是聚会等快乐指数较高的场合。

纯度高的颜色撞色视觉效果会比较醒目

纯度低的颜色撞色视觉
效果会比较柔和

　　当然，衣着需要匹配环境。当你以对比度超强、快乐指数爆棚的造型出现在度假胜地时，你的衣品绝对吸睛。但在职场还是需要谨慎使用撞色，尤其需要避免高饱和度颜色之间的相撞。

色彩的呼应

　　色彩的呼应在大部分服装色彩搭配书中很少被提及，但它无比重要。色彩的呼应是制造色彩和谐的主要手法。无论做设计还是做造型，最重要的一点就是色彩的呼应。如今呼应效果在时尚造型中呈弱趋势，也就是说现在不流行色彩的呼应了，或者说太明显的呼应，比如包和鞋子的呼应不属于流行范畴了。就连比较正统的穿搭方法中，上衣和鞋子的呼应也显得面积太大，太明显刻意了。但是一些比较细微的呼应还是会显得一个人非常有品位的：鞋子和耳环的颜色呼应、包包和耳环的颜色呼应、鞋子和印花连衣裙上小面积颜色的呼应都是高级的色彩呼应方法。

色彩呼应是让整体设计更完整的方法之一，而全身造型则是整体造型的一种，或者说造型搭配就是设计的一种。

丝巾上的橙色和裙子的橙色呼应

巧用丝巾做造型

　　经营了 20 多年的丝巾品牌，不得不多说两句关于丝巾的颜色在整体造型中的作用。

　　丝巾的首要作用就是色彩点缀，其次是设计好和有质感的丝巾可以为整体造型增加品质分，是绝对的气场加分的秘密武器，也是衬托肤色的秘密武器。

　　下面，我们先说怎么用丝巾的冷暖色去调整肤色。一条丝巾肯定有 1 种以上的颜色，如果大面积是红色，次要面积有蓝色，而你的色彩 DNA 属暖色，那么你就可以拿这条丝巾做你造型的主要配色，可以用它和你的红色衣服去搭配。丝巾的红色可以比衣服的红色略微鲜艳一点，或者搭配中性的米色（如下图）衣服。总之，丝巾颜色的明度、饱和度都要高于衣服，这样整身的

暖色皮肤用红色丝巾能显得
肤色姣好，服装颜色尽量用
明度、饱和度低的颜色

造型才会有层次感。

如果你的色彩 DNA 属冷色，你可以用蓝色的丝巾做脸部的修饰。

使用丝巾的第二个诀窍就是和丝巾搭配的服装颜色要用明度、饱和度低的颜色，这样才能凸显出丝巾的修饰作用。

第三个诀窍就是如果服装颜色饱和度过高，可以用低饱和度的丝巾做调和，从而使整体造型的饱和度适中。

冷色丝巾能提亮冷色肤色，服装颜色尽量用明度、饱和度低的颜色

颜色饱和度过高的衣服，可以用低饱和度的围巾调低整体造型的色彩饱和度

　　第四个诀窍就是搭配丝巾时，用丝巾上的小面积颜色和衣服上的主色做搭配，效果特别好。

　　所以，会用丝巾的人很有福气，在打造造型的过程中可以充分利用丝巾的颜色做出最优的搭配组合。在后面有关服装搭配的章节中，我们会讲到更多的丝巾和服装搭配方法。

用丝巾上的小面积颜色和衣服上的主色搭配

按照自己的色谱做延展，生活会简单愉悦很多

除了服装，生活中我们还有许多和色彩相关的装备：小到雨伞、手机、电脑、电脑包，大到旅行箱、自行车、摩托车、汽车，还有家里的摆设、碗盘等。我们如果仔细观察，会发现生活中有许多需要进行色彩选择的地方。而选择其实是非常消耗能量和精力的事情，有选择障碍的人尤其害怕选择，比如脸书创始人扎克伯格为了避免进行衣服色彩的选择，衣柜里只有灰色的 T

恤。下面，我们就谈谈如何进行色彩选择。

既然我们上面谈了要找到适合自己的色彩 DNA，那我们的色彩 DNA 是否需要用在造型之外的周边用品上呢？答案是：是的。如果我们适合某种颜色，就尽量用这种颜色作为自己生活中的主要颜色。这样做主要有两个好处：一是让自己从心理上更有安全感，二是让自己的造型在整体视觉上不会太杂乱。

其实，色彩的选择是理性的，不是感性的。

那么，在生活中到底该怎么进行色彩选择呢？如果一些物品的颜色是我们喜欢的，但在饱和度上都低一度，那这样的搭配是最好的。如果这些物品的颜色都是中性色，那搭配起来也会很简单。

而生活中，我经常看到有人全身用了纯度很高的彩色做造型，手里再拿一个明度、纯度完全不同的伞，虽然造型本身很美，但这把伞会减分。如果换成黑色或灰色的中性色伞，或者饱和度和全身造型相同的伞，效果是截然不同的，在视觉上会自然得多。

再举一个例子，我是一个色彩 DNA 属于浅暖色系列的人，所有的粉红、粉绿、粉黄我都喜欢。但我也是一个比较成熟的人，不可能从头到脚、从里到外、从衣着到家居都采用浅淡色。那我该如何去平衡我的色彩喜好和稳重的外表呢？我在暖色周边找适合的颜色，比如在粉红色中加入灰色的脏粉红就很适合我，或者上衣（贴近面部肤色）用粉红，下身就用灰色、米色等中性色去搭配，或者用带粉红色图案的裙子去搭配上衣。同理，还可以用带粉红色的丝巾去搭配灰色、米色。其实，当你用的颜色和你的肤色很搭配的时候，你能受到他人的肯定和赞赏，为此你自己也会很愉悦，这也是一种吸引力法则：你穿什么好看，也一定会经常使用这个颜色的物品。比如我的餐具、瓷器都带有粉红色花朵图案，这些就是我鬼使神差地买回来的。我有时也会觉得：自己用粉红色就算了，为什么让客人也跟着我用粉红色呢？于是我就设法弱化粉红色这种搭配，买了纯白色的大盘子和骨碟去搭配粉红色的碗或者盘子。如果粉红色的花碗上同时还有绿色，那我可以用粉绿色去搭配，这样不至于让宾客觉得太"粉嫩"。我自己也会感觉舒适，沉浸在温暖柔美的粉色系列中，即使有客人来也不会给人太过幼稚的感觉。

流行色到底和我们有多大关系

下图中的色彩就是 2020 年的流行色，其实流行色和我们的关系就是让我们更具现代感，满足我们追求时尚的心理需求。而要做到这一点，我们首先需要搞清楚当下都流行什么，随后理性地列出在流行色中哪些是适合自己的，之后再列出今年需要添置的衣物、饰品都有哪些：是衬衣、连衣裙、毛衫，还是鞋子、包包。我通常会建议把添置流行色单品的预算用在丝巾、衬衫、连衣裙上。虽然高品质的鞋子、手包、羊绒围巾和首饰也是重要的单品，但是因为价格比较昂贵，所以我通常建议只添入黑、白、灰、米、红等常用的基本色或者百搭中性色。西装等质地极高的

2020 年流行色

---

① RGB 色彩模式是工业界的一种颜色标准，是通过对红（R）、绿（G）、蓝（B）三个颜色通道的变化以及它们相互之间的叠加来得到各式各样的颜色。上图中的流行色分别为薄荷绿、宁静蓝、灰紫红、哈密瓜橙、古典黄。——编者注

单品还是置入基本色最为经济划算。

前面我们谈到了色彩的面积，其实我们做造型时能用到的主要还是适合我们的颜色，尤其是上衣。比如 2019 年流行牛油果绿色，那么暖色皮肤的人就可以选择牛油果绿作为连衣裙或上衣的颜色，或者丝巾的主色。冷色皮肤的人在使用牛油果绿的时候，则可以用藏蓝色的连衣裙和牛油果绿的鞋子或者手包来搭配。

搭配法则也是流行色相关信息的一部分，同色搭配是这两年色彩搭配的主流方法，撞色搭配法这两年反而没有那么流行了。这也是穿出时髦感的一个秘诀。

恐怕有人会说：颜色搭配太复杂了，我就穿纯色好了，一身藏蓝色就够了。其实，大家可以想象一下，自己住在全部都是蓝色，哪怕浅蓝色的房子里是多么无趣！或者都用纯白色，那简直就是"白色恐怖"。所以颜色的搭配、点缀是我们生活中不可或缺的调味品。

色彩与季节要和谐。炎热的夏天，太阳高照，光线的色彩是高明度的，所以高明度的浅淡色，尤其是浅冷色、水果色都比较应景，而加了黑和灰的颜色在夏天就有点格格不入了。当然，喜欢灰色和黑色的人四季都可以穿中性色。但深色更多时候用在基础款上，而基础款就犹如画家的画布，可以用各种有彩色的配饰或者小面积单品去搭配，搭配出的效果也是千人千面。深色有收缩感并具备显瘦的功能，如果夏天用深色一定记得使用有彩色去匹配高照的艳阳。而秋天，随着树叶变红、变黄到枯萎，光线的颜色越来越凝重，明度也在降低，各种深色就显得十分应景。在寒冷的冬季，穿浅淡色会令人觉得发冷。

这也是为什么时尚界每年会有两次大的发布会：春夏一次，秋冬一次。一到秋冬季，各品牌就会推出带有灰调的深色系列；一到春季，各品牌就会换掉灰色，换上明度很高的春装，或使用很多纯度高的色彩。中国人对色彩理论的接受度越来越高，也越来越有品位。10 年前，我们秋冬色彩基本不卖，营业员总是羡慕地看着邻家柜台上高饱和度的丝巾，问我："我们的丝巾里面为什么都有灰度啊？"现在，营业员的反馈是顾客喜欢我们有灰调的色彩，觉得有高级感。短短 10 年，我们看到了中国消费者色品的提升！

色彩与环境也要和谐。由于色彩的视觉属性，除了在不同的季节使用不同的颜色之外，还需要考虑不同的场合和环境对色彩的要求。如果在职场，任何深色都有收缩和显示沉稳的作用，尤其是在高管职位的人士最好穿着深色的衣服，如果是适合浅色的高管，我建议搭配浅色的丝巾或者上衣、打底衫，让前胸部分更衬托肤色，其他位置则采用深色较为稳妥，尤其是在比较严谨的银行、金融等行业，人们在衣着上用深色会给自己加分。

色彩搭配理论在服装造型中的综合应用

色彩是一个视觉范畴的概念，在造型以及打造个人形象和品牌方面起着不可忽略的作用。

基础色混搭是最安全的搭配法则，但是基础色只有在很天然面料的肌理上呈现出的颜色才有高级感，比如：黑色的羊绒围巾和黑色的晴纶围巾呈现出的效果有天壤之别；灰色桑蚕丝面料连衣裙的光泽能衬托出灰色的高级感，而灰色的聚酯纤维面料就不会传递这种奢华的信号。当然，聚酯纤维有好打理、价格亲民的优势。米色黏纤连衣裙就比聚酯纤维有自然的垂感，而且给人的感觉也舒服很多。棉布呈现基础色的能力略差，棉布上的黑色往往会有较大的偏色，不是偏红就是偏蓝，给人一种颜色不正的感觉。而且黑色棉布的色牢度比较差，往往洗过几次后就会泛出一层白色的绒毛。灰色和米色在棉织物上的呈现还都比较自然，因为都添加了白色，明度高，即使掉色，洗完了最多也就是更亮了而已。

－ 基础色搭配 －

基础色有黑、白、灰、米色、藏青等。

下面，我们就讲几种基础色的经典搭配。先从黑白搭配讲起。有些人适合白色，那就大面积使用白色，把黑色作为补色去做点缀，这种搭配永不过时，最经典的黑白搭配之一就是香奈儿的黑白经典套装和黑白拼接的平底鞋。黑白搭配几乎适合所有人。白色其实有提亮皮肤的特点，所以白衬衫人人都适合。皮肤较暗、适合黑色的人群，就用黑色作为大面积，用白色作为点缀色。法国人超级喜欢黑色，尤其是秋冬，大街上穿黑色衣服的人居多。他们认为黑色是最优雅的颜色，如果再用一点点彩色去修饰，那就显得更加有品位了。

黑白经典搭配

　　灰色和黑色是很优雅的搭配。灰色是很高级的颜色，但在使
用的时候需要注意在面料上做到不偏向红色或者蓝色，这一点很

难做到，所以尽量避免用很接近灰色的颜色和灰色搭配，用灰色和黑色搭配是非常保险的搭配方法。

黑白灰基础色混搭是最安全、低调的搭配

米色和黑色搭配很优雅，比灰色和黑色的搭配更柔和。

米色配咖啡色举例

米咖色黑色搭配很中性

　　米色和咖色搭配，也就是大地色混搭，是一种很洋气的
搭配。

大地色混搭是一种很洋气的搭配

　　藏青和黑色的搭配很适合男士，而且非常保险、低调，怎么搭配都不会错。

藏青和白色的搭配能呈现出蓝白条的海员衫那样的效果。如果想制造理性明快而且醒目的搭配效果，这种搭配是最有效的。

讲完了基础色之间的搭配，我们再来加一些点缀。基础色加小面积彩色点缀，是一种安全、不会错的彩色搭配法，也是一种入门级的色彩搭配方法。

灰色加入粉红色，这种搭配很适合浅暖色肤色，优雅中透出一丝浪漫和亲和感，能避免全身粉红的造型与年龄及职场的格格不入。

灰色加入粉红色很适合浅暖色皮肤

　　米色加入小面积橙色，这种搭配会显得更热情一些，而且这种搭配也是相对比较保险的。大面积的橙色不太适合亚洲人的肤色，会使人显得肤色偏暗。

　　黑白搭配加入小面积红色，这种搭配吸睛力很强。全身黑白造型，再配一双红鞋，这种造型是好莱坞女演员的常用搭配。

黑白色加入小面积高纯度红色的色彩组合吸睛力很高

　　米色加浅蓝色，这种搭配很适合男士，尤其适合需要表达亲切感的男士。比如米色休闲裤配浅蓝色衬衫，就是典型的"商务休闲"职场男士造型，但要注意皮鞋要用浅咖色，这样能增加米色占比，使浅蓝色衬衫的比例降至 40% 左右，避免上下身颜色各占 50% 的无主次效果。

米色和浅蓝色是绝配

– 深浅搭配（同色系搭配）–

对于冷色，深浅蓝色造型适合人群十分广泛，男女均适用。这种搭配适合所有冷色皮肤，而且传递的信号很理性。北欧人很喜欢蓝色，他们对蓝色是从头发到脚尖的喜爱，芬兰的国旗图案就是白底蓝色十字（代表蓝天白云）。

蓝色和蓝色搭配很和谐

而对于暖色，深浅红色的搭配在暖色皮肤中经常使用，但在深浅搭配中，要注意色相尽量保持一致。

不同饱和度的红色搭配

－ 临近色搭配 －

　　红色和橙色搭配，能传递很热情的信号，而且使人显得很活泼，比纯红色更有艺术感。

红色和橙色很般配

下面再说说蓝色和蓝绿色搭配。其实中国人适合冷色的很少，大都适合暖色。记得当时把玛丽亚·古琦品牌刚刚引入中国的那几年，我让芬兰设计师在丝巾的配色上增加了不少"西红柿炒鸡蛋"的色调，这让设计总监大惑不解。记得她问我："Caroline（我的英文名），你意识到你调整后的一整季产品都是暖色调的吗？"我说："是的，但这并不是一个错误！你看看年底的财报后再来批评我吧。"随后那年的财报比往年都好，而且从此我们的销量节节上升。我们在丝巾、围巾的设计中很少用纯冷色，因为中国人的皮肤是黄色的，眼球是偏黄的，这几乎决定了大部分人都是暖皮肤，除非某年的流行色是冷色的，我们的蓝色产品才会好卖。而且我们的蓝色丝巾也不会是纯冷色的，一定是加上了绿色、黄色的蓝色。因为大面积的蓝色，如果加入绿色会显得柔和很多。

蓝色和蓝绿色搭配会比纯蓝色温暖些

– 全彩色搭配（撞色 / 补色搭配）–

三种以上的颜色搭配有几个要领：

第一，主色要占到 30% 以上的面积；

第二，如果是三种颜色搭配，三种颜色中，两种要是深浅色关系，第三种可以是邻近色、撞色或者补色，这样色彩有主次，能获得视觉舒适感；

第三，如果是三种颜色的混合搭配，它们的明度和纯度不能差别太大。

主色是玫红色，有两种不同的玫红，其中的撞色是橙色，衣服的颜色是裸色（高明度的橙色）

– 深色（加入了黑色或者灰色）有彩色搭配 –

　　这种混入黑色和灰色的色调日本人很喜欢。日本人很少使用纯度很高的颜色，大多用加入灰色和黑色的颜色：藏蓝、深紫色、深咖色是他们常用的颜色。这是因为他们很抱团，不喜欢鹤立鸡群，不喜欢引人注目，而且他们认为使用调和色比较有品位。

　　如果使用深色有彩色进行搭配，那么首先这些有彩色要是差不多纯度和明度的颜色。比如深蓝色和深紫色搭配就很协调，深咖色和枣红色就很和谐，如果再加入灰色也一样令人看起来很舒服。

　　这些含有灰调的颜色和黑色、灰色搭配都很和谐。但含有灰调的颜色和纯色搭配会显得很脏，而且深色的有彩色不适合和白色搭配。

纯度和明度不高的颜色
相互搭配时很协调

– 浅色有彩色（高明度、加入白色的）搭配 –

浅色的有彩色基本都能混搭，搭配出的效果很有"初恋"感或冰激凌感。对于适合这种颜色的人而言，在职场搭配中要加入基础色，去调和这种颜色造成的稚嫩效果。而且浅色有扩展感，可以用在需要夸大的部位，比如上身比较瘦小的人，可以穿浅色上衣。反之，如果需要拉长下身的比例，可以穿浅色的裤子。

浅色的有彩色都能和白色搭配，使用一般不会出错，但在职场穿搭中建议加入小面积的纯色去调和浅色的不稳定感。在浅色中加入灰色的浅色就会比没有灰调的浅色显得"成熟"得多。

低明度的有彩色和白色
搭配显得清爽自然

第三章

时尚是
一种生活态度，
穿衣是一种表达，
穿对才是品位

你可以拥有生活中的一切，如果你能为此而打扮成自己想要的生活中的自己。

——埃蒂斯·海特（奥斯卡获奖者，表演服装设计师）

不生在巴黎也可拥有巴黎女人的时尚魅力

很多女人都想成为那个优雅的巴黎女人，其实巴黎的女人也并非人人都穿着香奈儿出门，她们的优雅在于细节、在于搭配，那种不经意、不刻意的修饰，让人感觉非常得体。巴黎街头乍一眼看上去是一片黑色，细一看，其实每个人都有不同的配饰点缀，风情万种。我在谷歌上搜索典型的法国风情图片，其实搜到的都是一些基本款搭配，最常见的就是一身黑衣，或裙装，或裤装，貌似这些基本款在优衣库都能找到。再仔细一看，所有的法式风格搭配的共同点就是总有一件单品能跳跃而出：法国女人很懂得如何画龙点睛，一袭黑衣或者黑裙必定有一个配件是吸睛的，或搭配一顶大红色的贝雷帽，或搭配一条勃艮第红色丝巾，或者连鞋子和包包都是黑色的，但上身是黑白横条 T 恤。总之，只有一件单品是"红花"，所有其他的都是"绿叶"，而这朵"红花"面积越小越显得有品位。一个人从头到脚的搭配重点只能有一个，即"红花"只能有一朵，其他都是和"红花"呼应的"绿叶"。现在网络上盛传中国大妈们出行喜欢用丝巾拍照的照片和各种搞笑的姿势，这些图片的共性就是她们喜欢把鲜艳的丝巾大面积披裹在身上，和身上的花衣裙乱成一团麻。其实，问题不在

一袭黑衣只配丝巾，一个人的亮点就够了

于大妈的丝巾，而在于她们身上的颜色和图案过多堆积。真正有品位的点缀，丝巾只是小面积嵌在领口，或者不经意缠绕在修长的颈部，以增加精致感和飘逸感，完全没有刻意感，这种不经意感可以营造举重若轻的优雅气质，这就叫品位。这也应了一句话：简单就是美。总之，巴黎女人从不担心是否有名牌穿，她们更在意如何穿对，搭出精彩。伊娜·德拉弗拉桑热在《巴黎女人的时尚经》中写道："在法国，人们喜欢混搭，用昂贵服装混搭平价服装。大多数人的着装不是为了炫耀，我们不在乎这些。我们只想感觉良好，因为我们知道只有当自己感觉良好时才能真正表现出自信。我们提名牌包不是为了暗示'你看，我有一个名牌包'。我们提名牌包是因为我们真的喜欢它。或许，这就是法式时髦的精髓吧。"

品位穿搭要素一：突出重点。

确定自己的穿衣风格

敢于与众不同并非意味着引人注目，有品位是指别人记住了你这个人，而不是记住了你穿的什么。有时候别人会说："你今天的裙子好特别！"这句话的正确解读应该是：这裙子与你并不搭配。十几岁的时候，我们是跟风穿衣；而成年后，我们是根据风格穿衣。我们并非想表达自己的潮流性，只是想用衣着把自己美的一面衬托出来，让自己变得更好看、更得体、更养眼，让自己更符合我们想要的风格或者职业形象。所以，我们想让自己更美，需要了解的不是商场里都在卖什么、今年都流行什么，而是自己，自己什么地方美、需要修饰的地方是哪里、适合自己的风格是什么，自己是传统淑女类型就绝对不要跟风尝试嬉皮和摇滚风格。时尚是用来表达自我的工具，成为时尚的奴隶就违背了初衷。

詹尼·范思哲曾说过："不要被潮流驾驭，别让时尚驾驭你。你需要决定你是谁，想如何用穿衣来表达。你要用生活方式来表达你到底是谁。"

那些迷人、有独特魅力的女人拥有很强的影响力，她们聪明，知道自己适合什么，用什么样的风格能恰到好处地表达自己。当她们早上打扮好出现在人们面前的时候，人们从她们的衣着就能捕捉到她们想说什么，而她们的装扮也会影响自己一天的心情。

冲动购物的人看到一件自己喜欢的衣服立刻就买下，看到流行什么就冲动地去买，买回来之后又发现和其他衣服不好搭配，或者不是自己的风格，这些衣服最终只能在衣橱里带着吊牌一起挂着，一挂就是好几年，等待下一个潮流的轮回。时尚和我们日常的穿衣相关度其实不大，能占整体造型20%的话，你就已经很时尚了，穿出自己的风格更重要。就像香奈儿说的：时尚会褪去，而风格会永存，风格是由内散发出来的一种气质，没有什么潮流可以追随。有些人了解风格的道理，但自己不进行判断，会聘用衣橱顾问，让顾问帮着参谋应该买什么。也有一些人根据自己的脸型轮廓、曲线及体形来做风格分析。我觉得如今的时代讲究不同场合不同风格，讲究混搭，风格的边界有时会比较模糊。

比如，我和闺密见面就想更女生一些，和家人聚会就想更休闲一些，参加晚会会考虑活动主题，如果去进行商务谈判就需要考虑衣服是否有气场、是否干练。所以，每个人的衣橱风格应该是自己独有的。下面的六点足以让你判断自己独一无二的风格。

第一，由于每个人从小到大都会尝试很多种风格，因此随着时尚的变迁，每个人在不同的阶段衣橱里都有不同的衣服。确定自己风格最简单的方法就是从衣橱里找出自己最经常穿的10件衣服，分析一下经常穿它们的原因是它们的颜色、材质，还是款式。

第二，分析一下自己的生活方式，把它分成休闲、工作、运动几个部分，如果对应的衣橱里的衣服也是合适的比例就可以。如果衣橱里有很多休闲服装，没有酒会和特殊场合的衣服就需要调整。反之，如果只有特殊场合的衣服，没有休闲场合的衣服，那也需要把不用的服装断舍离，腾出空间把更适合自己生活方式的衣服请进衣橱。

第三，找出自己的偶像，并收集偶像的穿衣图片。你的偶像可以是一个或者两个，把这些偶像的穿搭图片收集到一个相册或

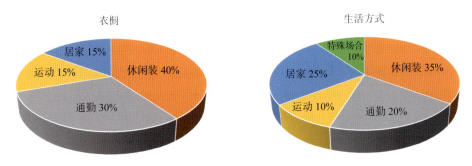

检查自己的衣橱和生活方式是否匹配

者文件夹中。收集到一定数量之后，打开文件夹去分析一下这些穿搭中的什么因素让你喜欢，是颜色、面料，还是款式？是什么风格吸引你？把照片分成几个子文件夹，比如赫本风格、波西米亚风格、时尚风格、前卫风格等，随后数一下哪一个子文件夹里的照片多。如果确定波西米亚风格的照片最多，就再细分一下是这些图片当中的上衣，还是印花长裙吸引了你，随后再和自己的衣橱去比对，看自己是否已经拥有了这些衣服和配饰。

第四，选择一个时间段，比如每天打扮好出门之前，在穿这些自己喜欢的衣服并且对造型满意的时候，尤其是自信爆棚的时候拍下一张照片，把这些照片放到一个相册里。在积累大约20张照片的时候，分析一下自己穿得最多的颜色是什么，穿得最多的款式是什么、风格是什么：你是适合穿中性色，还是彩色；是适合经典款、波西米亚风，还是简约高雅款；是适合摇滚范儿，还是浪漫风格。一个人可能同时适合两种风格，但一定有一个最适合的。没有人会因为模仿别人变得自信，只有做自己才能更自信。我的风格是介于简约高雅和赫本风格之间的，我穿波西米亚风格的衣服就完全不像自己了。

第五，从以上分析和收集的图片中列出最能代表你的单品，可能是一件皮衣、一条印花连衣裙，也有可能是一条金项链，看看这些单品都是什么颜色的，是深冷色还是浅暖色。总之，这些单品是最让你放松，最让你自然地做自己的。接下来，你就可以根据这个清单去断舍离你的衣橱了。

第六，分析自己最美的部位是什么。比如：我的腿很直很修长，那我就会多穿紧身裤或者紧身裙，上身尽量穿短上衣，这样可以秀出我的美腿。如果你的肩部很漂亮，那就不用客气地多穿能秀出美肩的衣服。

品位穿搭要素二：先别忙着买买买，先了解自己的穿衣诉求及风格。适合自己的风格才能穿出自信，穿衣是一种由内至外的表达。

女人常见的五种身材以及对应的穿搭方法

如何判断自己的身材属于什么类型，用什么方法能让自己的身材显得更匀称？在这五种体形中，X形适合的衣版比较多，是天然的衣架子，H形也是比较容易买到衣服的身材。真正需要帮助的是梨形和苹果形身材的人。所有能使自己显得匀称的方法可

女人常见的五种身材

以总结为三点：强调优点、遮盖缺陷、平衡弱点。在这三点中，多数人会用遮盖法，遮盖自己的缺点，即把别人的注意力从自己的弱点转移到优点上。

- 梨形身材（三角形身材）-

如果一个人的三围中臀围最大，那么她就是梨形身材了，或者叫三角形身材。这是大部分人的身形。梨形身材代表人物就是玛丽莲·梦露。梨形身材的人肩窄，臀部比较宽。"梨形"这个词有点负面含义，但其实大多数人都是梨形身材。只是有些人臀部大，就像玛丽莲·梦露，她应该是标准的美人了。她也是梨形身材，因为她的臀围大。我十几岁和二十几岁的时候是 H 形身材，但随着年龄的增大，腹部渐渐隆起，赘肉也慢慢落在腰上，也变成梨形身材了，也需要考虑如何穿衣平衡、如何遮盖缺陷了。梨形身材的人需要露出的是肩部，这样在视觉上给人的感觉是肩部没有那么窄，但下身一定要穿得宽松。梨形身材的人上身也可以穿有图案的衣服，这样能在视觉上放大自己的上身。除了露出肩部造成身体上部更宽的办法之外，梨形身材的人还可以用蓬松的头发去平衡下身的宽度。这种身材的人上身如果穿浅色或者暖色能放大上身的比例，此时下身可以用深色去营造缩小效果。但有一点要注意：腰线一定要高，实际的腰线上腰围一定大于提高 3 厘米之后的腰线的腰围。

– 苹果形身材（O形身材）–

苹果形身材就是圆形身材，这类人的腰围最大，整体身形比较圆润。这种身材的典型代表就是凯瑟琳·泽塔·琼斯。

苹果形身材是腹部维度比较大的身材。从视觉上看，穿V领上衣可以使这类身材的人上身显得没有那么圆，但要切记的是，一定要用高腰线的裙子或者裤子把腹部隐藏好，造成腰部在胃部的视觉效果，下身不要穿超宽松的衣服，但也不要太包身，要留有一定余量，尽量穿有大量褶皱的衣服，不要系腰带。可以穿开衫和系扣的上衣，让上身从视觉上分割成左右两个部分，这样能营造身体变窄的效果。也可以用长项链，把别人的注意力吸引到胸部的位置，从而忽略你的腹部。苹果形身材的人通常有比较细的腿，可以用有花纹或者亮色的包腿裤把腿部曲线凸显出来，把他人的注意力吸引到腿上。

– X形身材 –

X形身材是很多女人梦想要的。好莱坞演员索菲娅·维加拉（《摩登家庭》里面的格罗莉亚）就拥有这种魔鬼身材，她来自南美洲。X形身材的人腰围很细，细腰是很难得的，所以要想方设法把腰线露出来，不要穿腰部宽松的衣服，这样会隐藏这个优点。X形身材可以尝试的服装款式很多。

- 草莓形身材（倒三角形身材）-

如果一个人的肩宽大于臀围的话，那么她就是草莓形身材。受过训练的体操运动员大多是这种身材。

草莓形身材在中国不典型。倒三角形身材的优点就是肩宽，这种身材的人可以选择露肩上衣，露出美肩。这种身材的人穿衣时需要加大下身的比例，可以穿阔腿裤、大摆裙去平衡上身宽的视觉效果。A 字裙不但是倒三角身材的人很好的选择，而且是 X 形身材以外的人很好的选择，所以 A 字裙很受欢迎。倒三角形身材的人需要从视觉上加大下身的宽度，把腰线上提就可以不显得腰部那么细，可以使腰线显得略高和略微粗一些。如果说还有什么需要遮挡的话，那就是需要让胸部显得小一些，这就需要设法分割上身的视觉效果，比如可以戴一条围巾，穿一件夹克，穿一件开衫，这些做法都能把上身分割成左右两部分，在视觉上显得上身更窄。

- H 形身材 -

H 形身材的人三围差别不大，这种身材是 20 世纪 80 年代流行的模特身材。代表人物是英国模特凯特·摩丝。

H 形身材也叫运动型身材，就是三围差不是很明显的身材，曲线不明显，也叫男孩身材。拥有这种身材的人肩部比较宽，腰不是很细，臀部很紧实。这类人如果肚腩稍微有些赘肉，就会显胖。对于肚腩的赘肉，解决方法就是尽量让上身显宽，最好上身能往下再坠一点，比如穿一件肥大的上衣，把上衣下摆松松地塞到裤子里面，这样垂下来的衬衫前面部分就很好地遮挡了腹部，上身就能有些"空气"感，但胯的位置需要收紧，这样在视觉上能造成胯就是腰的感觉。需要注意的是，这种上身宽松的感觉需要下身略紧来平衡一下。

干净整洁比穿名牌重要太多，是好品位的基础

要显得有品位和优雅，最先还是要做到干净整洁。大家肯定有这样的感觉，刚洗过的头发会有一种光泽，这是什么啫喱、发胶都无法达到的效果。记得有一次给模特街拍，遇到一个不太勤快的模特，早上来化妆的时候好像是熬夜没有睡够，一脸倦容。发型师很不高兴，说这个模特不专业，至少要洗了头再来啊，这样油腻腻的头发喷多少发胶都没有用，是定不了型的。所以，很多西方人是早上洗澡的，他们这样做是为了把最清爽、最有活力的那一面展现出来。至于体味就更不用说了，有时候坐在一个没有洗澡的司机的车里，那股头油味肯定会让你一天都觉得心情不好。大汗淋漓之后用香水没有什么用，只会更糟糕。有一次，我们T台上的模特脚指甲的甲油出现剥落。事后，我的朋友说：就是这几个指甲破坏了整场秀。其实，细节就是这么残酷，剥落的指甲油要比没有涂指甲油糟糕十倍。

品位穿搭要素三：先别忙着穿名牌，先把头发洗干净，指甲修剪整齐。

关注细节的搭配使你优雅到精致

最近几年，到处都能看到"细节"二字，有很多书都在讲细节，比如细节营销，细节决定胜负，细节就是魔鬼，等等。一个人的精致感笼统来讲包括两个方面：衣服材质上乘和配件精致得当。成年之后我们的身材不会有太多变化（如果管理好的话），所以在基本款的添置上一定要慎之又慎，西装上衣至少有一件，而且材质一定是纯羊毛的，基本款的黑色或者米色羊毛衫一定要有羊毛含量，铅笔裙或者基本款西裤的材质要柔软挺阔，第一件一定要是黑色、灰色、米色的中性色，因为这类颜色穿的次数会比较多，相对来说性价比比较高。

材质，尤其是配饰的材质一定要是最好的，本来就是很小的一件单品，用料就不是很多（除了首饰之外），再不在意它的材质就有点没道理了。所以，丝巾一定要用纯桑蚕丝的，不要用涤丝了，皮包就用头层真皮，鞋子一定是穿着舒适的上等好皮。这两年，我在我的专用首饰设计师艾丽娜（Alina Levedeva）的指导下对珠宝也有了更多了解。虽然有些装饰性的项链或者手镯可以不是真金白银的，但也要是不褪色的材质，否则只能使整体造型功亏一篑，而且如果只能穿戴一次的话，成本其实更高。

品位穿搭要素四：讲究材质，宁缺勿滥，买一件是一件。

品位的表达在于配饰

— 用一双合脚的鞋征服整个世界 —

在所有配件中，鞋是最重要的。好莱坞演员贝特·米德勒（Bette Davis Midler）说过："给一个姑娘一双合脚的鞋子，她能征服整个世界。"如果只能在鞋子和包包当中做选择，你一定要选鞋子。不要相信一双便宜的鞋子能同样看上去精致、昂贵、有品位，这完全不可能。

这两年，国内很流行穿有一个很大的方扣子的 RV（Roger Vivier）鞋或者它的仿品。其实我觉得，RV 带水钻装饰的高跟鞋更适合晚上穿。鞋子其实也是分上班穿的、休闲穿的、聚会穿的、走路穿的几类的。无论是以前流行的高水台鞋，还是当下流行的穆勒鞋，最重要的是穿着舒服，这是第一原则。我的鞋柜里除了运动鞋，经常穿的大约有 20 双鞋子，这些鞋子基本按照这个比例分配：日装鞋子 10 双，冬天的靴子 5 双，晚装鞋子 3 双，休闲鞋子 4 双。除了靴子以外，大部分日装鞋子可以日晚两用，大部分为黑色，其他有裸色、红色、绿色、白色。鞋子到底该买哪些？以下是我的推荐。

1 日装中跟鞋

如果购买第一双鞋子，请务必是浅口尖头裸色中跟鞋，这种鞋子的穿着机会是最多的，几乎是百搭。10 年前，我可能会推荐你第一双高跟鞋购买黑色的尖头鞋。但当下的时尚是，鞋子和裤子或者裙子颜色是反差色而不是同色，黑色的裤子和裙子也要搭配裸色鞋子，红色、蓝色、绿色也都能和裸色鞋子搭配。而且，裸色鞋子会在视觉上延长腿的长度，黑色的鞋子反而会显得腿短。不信你自己试试。

第一双高跟鞋应该是裸色尖头中跟鞋

第二双鞋子我推荐黑色，毕竟黑色也是百搭色。我们前面提到"红花"理论，让黑色的鞋子主动成为"绿叶"，把成为"红花"的机会让给彩色的包包，或者丝巾（红花只能有一朵）。

上面提到的 RV 鞋子，现在有很多商家模仿，并把方形扣用各种 bling bling（闪闪发光）去装饰，顺便说一句，所有带闪光装饰的服饰都是晚上 7 点天黑之后穿的。把晚装鞋子穿到职场给人的感觉是不够稳重的，或者让人认为你只有一双鞋，不分白天晚上都在穿。所以，再好看的带夸张装饰的鞋子也要忍到晚上穿。

最好的高跟鞋品牌就是 Christian Louboutin（由法国设计师克里斯提·鲁布托创立的同名品牌），那个著名的红底鞋，还有 Manolo Blahnik（马诺洛）。这都是不会买错的牌子。我穿的最多的是 Stuart Weitzeman（斯图尔特·韦茨曼），这个美国牌子的鞋很适合走路，尤其是它的靴子非常舒服，价格也适中。

2 平底鞋——乐福鞋

乐福鞋其实是很舒服、很百搭的鞋子，是日装鞋不错的选择。它比较中性，尤其适合一些比较干练的职场女性。它的好处是适合走路，对于需要通勤且喜欢中性风格的女生而言，乐福鞋是很好的选择。

乐福鞋做中性搭配，适合通勤

3　平底芭蕾鞋

　　我本人很喜欢平底芭蕾鞋，穿上它更优雅、更女人，而且显腿长。除了香奈儿这双经典的平底鞋，还有巴里玲娜（Ballerina）的平底鞋，穿它们走路非常舒服，穿出的是一份由平凡到时髦的自信。

平底芭蕾鞋优雅到极致

4　晚装鞋

　　晚装鞋和日装鞋的主要差别就是鞋跟是不是够细，是否有闪闪的或者夸张的（如羽毛类）装饰。

　　第一双晚装鞋我也建议买两用的，也就是黑色中跟浅口尖头鞋，鞋跟粗细适中，这样白天有些商务场合也能穿。

　　第二双可以根据自己的喜好购买黑色高跟露脚趾的晚装鞋。

如果有机会参加重要的活动，搭配长裙，则需要露脚趾的鞋子。晚上的活动开始得越晚越隆重，比如 7 点或者 8 点开始的晚宴都是很正式的。而越隆重的晚宴需要露出的皮肤越多，包括鞋子。当然，英国皇家活动是不允许露脚趾的，除此之外，露脚趾的鞋子会显得更正式。

最正式的晚装鞋子是露出脚趾的

– 鞋子的颜色搭配

传统的鞋子颜色搭配方法：一是和裤子或者裙子同色，二是和包同色。如今鞋子的搭配基本仍是两个方法：一个是同色系搭配，比较传统的人会选择这种方法，也就是你穿什么颜色的衣服就搭配同色的鞋子，比如黑色配黑色、灰色配灰色、裸色配大地色；另一个是反差色搭配，鞋子的颜色和裤子或者裙子不同色。两种方法中，潮流一些的方法就是后者。而经济省钱的方法就是用裸色的鞋子搭配所有的衣服，基本都不会错。

突出鞋子的搭配方式是和裤子不同色

不突出鞋子的搭配方式是和衣服同色

裸色鞋子的搭配

裸色鞋子的搭配

裸色的鞋子几乎和什么颜色都能搭配

- 包包会替你说话 -

女人爱包，包的风格款式以及品质代表了用它的人，包包替你做了表白。品质是评判一个包的重点，品质指的是皮质、缝工以及五金件的总和。很多便宜的包包新的时候很好看，但是用几次就开线或者磨损了，其实这是很不划算的，这种包包在半新的时候就是个鸡肋了。包的选择一定是少而精的。我发现大多数人买包除了不讲究品质外，包的款式也过于复杂，以至于很难和衣服搭配，如果用全身黑色来搭配这个便宜的花俏包包，它的品质又无法让其成为全身的焦点。

我觉得虽然"包"治百病，但包包是最难买对的配饰，因为你会被各种款式的包包诱惑，忘记自己的需求，最终花了大价钱，但买回的包包可能没有用几次。在购买每一个包之前，你需要做一些功课：首先，看看自己用包包的场合都是什么；再将自己使用包包的场合按频率从高到低列出来，比如上班最多，休闲购物第二、中午吃饭第三、晚会活动第四；随后，给自己全年的购包计划做一个预算，如果是 1 万元的话，就千万不要冲动购物，把这 1 万元购买 LV（路易威登）的牛仔系列，因为那是你的第二需求。现在流行斜挎小包、水桶包，有人就会花大价钱去买一个水桶包，但发现要带回家的 A4 文件都装不进去，需要再另外搭配一个托特包，这样就显得自己的水桶包很鸡肋。我们按上面讲过的几种用包的场合展开讲这几类包该如何选择。

上班包的选择

上班包的选择主要有三类。

第一类：百搭超大软包或者托特包，这是最经济实惠的选择，可以放下 A4 文件，还可以放下化妆包、卡包、钱包等所有在一天内可能用到的物品。这种包不太容易过时，颜色可以选择略微中性的，比如米色、浅咖、深咖、灰色等，当然大红色也是不错的选择，但是牛油果绿和姜黄色就需要慎重了。那些带纹路，如豹纹、斑马纹等潮流的纹路的包可以作为第二选择，因为它们特点太突出，很容易被记住，能用的机会不多，如果天天使用，别人会觉得太有重复感。

第二类：托特硬包，可以装下所有需要的东西，甚至可购物上班两用，外形硬挺有形，很适合喜欢穿休闲和垂感强衣着的人做反差搭配。硬包的手感不如软包舒服，而且同样大小的硬包不如软包的容量大，但能保护包里面的物品不受挤压。

第三类：如果你是特别喜欢斜挎小包的上班族，其实选择小包也未尝不可，只是需要在包里随时准备一个折叠包，这样在遇到需要装很多东西的时候，可以把小空间延伸为大空间。小的斜挎包可以选择彩色的、时尚一些的，由于面积小，不会改变你造型的职业特点，还会有所点缀。小包的经典款式无疑当属香奈儿2.55 了。经典的款式永远是最好的投资。

休闲购物的包包选择

休闲包包选择的原则就是让自己越舒服越好，越软越能装东西越好。有些人的职业要求上班必须用棱角分明的包包以证明专业度（如律师），就不妨在周末用更能展示自己专业之外个性的包包，释放自己的喜好，喜欢时尚的可以选择时下流行的水桶包、异形硬包去参加社交活动等。

参加晚会活动一定要用精致的 Clutch 小手包。

这是优雅的人必备的活动小包，显得优雅老到、精致成熟。Clutch 小手包主要搭配的是晚装和晚装鞋子，所以需要考虑你的晚装颜色。如果你的晚装都是黑色的，那么你的第一个手包应该还是黑色，第二个应该是银色或者金色，第三个才应该是动物纹如黑色蛇纹或者彩色。如果 Clutch 小手包有一个能收起来的小肩链就更好了，吃饭的时候可以直接背着，腾出两只手去取餐食。很多人去参加活动会把白天的大托特包带到活动现场，这让人感觉对主人的活动很是敷衍或者顺路来的，况且拿着一个大包走来走去很不方便，别人跟你说话会觉得你很辛苦。其实，最好的解决方案就是在大包里放一个小手包，把大包放到车的后备箱。使馆的晚宴或者酒店的晚宴通常有地方存包，把大包存起来就可以拿着你的小手包，轻装去社交了。

– 丝巾：系出你的优雅 –

说到丝巾不得不回到优雅的法国女人的话题，如果说小黑裙、丝绸衬衣、尖头黑色高跟鞋、贝雷帽、个性夸张的首饰和丝巾是法国女人标志性穿戴的话，那么法国女人的优雅一半是丝巾贡献的这种说法一点都不夸张，仅用小黑裙和不同的丝巾就能打造出许多造型。而且法国女人相信身上必须有动感的东西才有活力，而飘逸的长发或丝巾都能使她们顿时灵动起来。

丝巾除了增加灵动感之外还是提升气场的利器。国际货币基金组织（IMF）总裁克里斯蒂娜·拉加德就酷爱丝巾，她的气场和优雅一多半都是丝巾贡献的。

丝巾是一个太好用的配饰了，无论你的衣服多普通，只要是黑白色，配上一条丝巾马上会有提升造型的感觉。如果你有一抽屉丝巾，那99元的白衬衫尽管买，戴上质地讲究、设计精良的丝巾，你的整体造型成本看上去至少2000元。当然，前提是丝巾要选对、搭对。

那么，丝巾使用的一些基本法则是什么呢？让我们从基础的知识说起。

丝巾法则第一条：丝巾一定要选择 100% 桑蚕丝的，戴涤丝的丝巾还不如不戴，涤丝的丝巾没有那种珍珠般的光泽，而丝巾的优雅一半来自这种光泽。桑蚕丝织物有不同种类的结构，真丝斜纹绸比较硬挺，真丝双绉比较柔软，真丝雪纺比较飘逸。这些就是织物的名称了，但有些雪纺连衣裙是涤纶的，雪纺就是一种织法，没有好坏之分。丝巾经典的尺寸是 90cm× 90 cm，这也是法国百年丝巾品牌 Hermès 的经典尺寸。近几年，方巾又开始流行了。还有两种规格的方巾，68cm× 68cm 的中方巾和 55cm×55cm 的小方巾，这两种尺寸对于入门级的丝巾佩戴者比较合适，适合搭配 T 恤。现在流行的窄长巾也十分受年轻人喜爱。其他常用的尺寸有常规款的长巾，这种长巾不需要讲究佩戴方法，比方巾更实用。其他加大的方巾或者长巾可以做披肩使用。

桑蚕丝织物表面有一种
珍珠般的光泽

90 cm× 90cm 真丝斜纹绸
方巾是经典尺寸的丝巾

55cm× 55cm 真丝斜纹绸方巾
是小方巾，适合休闲点缀

丝巾法则第二条：丝巾搭配是有规律的，印花丝巾配纯色衣服。我们经常说的一句话就是："花巾配素衣，素巾配花衣。"有些 T 台图片是印花丝巾配印花衣服，但这需要很好的搭配功底，尽量不要冒这个风险。如果佩戴丝巾，最好穿黑白灰米等中性色的基本款，法国女人认为只有葡萄牙小女人才会用印花丝巾搭配印花衬衫，那会把自己秒变平庸。

丝巾法则第三条：制造丝巾搭配的"不经意"感，让丝巾的搭配像是很随意"搭"在肩上或者"围"在颈部，这种感觉完胜"包裹"的感觉。

丝巾法则第四条：丝巾的图案设计其实有太多讲究，如果是第一条丝巾，最好购买够经典、够百搭的图案。丝巾是最接近面部的饰品，除了颜色需要能使肤色显得姣好之外，图案曲线也需要能更好地衬托出你的脸部轮廓。最经典的丝巾图案是各种波斯图案、曲线，或者是巴洛克、洛可可等风格的繁复曲线。这些图案对于欧洲人来说很像凡尔赛宫里面的家具，都是爷爷辈的人才会用的，但偶尔也会有人使用其中一些元素，做出老款新作的改良作品，否则当代欧洲人会觉得太 out（落伍）了。但就像老外很想用我们故宫里面的家具，觉得很新鲜一样，中国人对于欧洲古代图腾仍旧保持着同样兴奋的神经，欧洲古典家具、佩斯利和巴洛克图腾的丝巾依然能迎合很多中国人的审美。没有对错！在曲线或者直线图案上，可以这样划分：直线更知性，曲线更浪漫；图案越大视觉冲击力越强大，图案越小视觉冲击力越柔和。图案的选择完全是个人的决定，完全取决于你想要怎样表达，所以除了试戴之外，丝巾设计没有太好的选择方法。

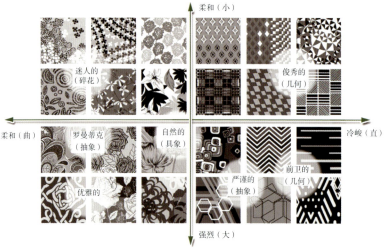

柔和（小）

迷人的
（碎花）

俊秀的
（几何）

柔和（曲）

冷峻（直）

罗曼蒂克
（抽象）

自然的
（具象）

前卫的
（几何）

优雅的

严谨的
（抽象）

强烈（大）

直线与曲线，大图案与小图案的视觉效果

丝巾图案以及特点可以做以下简要划分。

小花型图案：这种图案会把人衬托得很柔美年轻，当下流行

小碎花图案比较百搭，让人
显得活泼、时尚

小花图案，小碎花式的图案给人很时尚的感觉。

几何图形：这两年几何图形在中国年轻知性群体中的接受度越来越高，几何图形很适合商务职场的文艺青年。

几何图形显得知性文艺

大花卉图案：大花卉图案、曲线设计一直以来都很迎合中国消费者，尤其是有浪漫情结的优雅女性。大朵的花卉图案在佩戴时，会把上身分成不同的柔和色块。有些玛丽亚·古琦的方巾在4个角做不同的颜色和图案变化，使佩戴者每次佩戴都有不同的体验和造型，很值得拥有。有些长巾的两个角也是不对称图案或者颜色，使佩戴体验更完美。

但我觉得中国人在颜色和图案的选择上仍旧偏保守，丝巾其实可以更时尚一些。法国女人的穿衣态度就是把时尚元素让给配件，衣服就不用每季更换了，质地优良的基础款可以穿 3~5 年。用丝巾、包包、鞋子去打造造型，做时尚点缀。好的包包不便宜，好的鞋子也价格不菲，与这两样东西相比，丝巾的性价比最

波浪和曲线图案
显得优雅浪漫

玛丽亚·古琦浪漫的波浪
和曲线图案丝巾的 4 个角
分别由不同的颜色构成

高，能以更低的投入成本凹出更时尚的造型。

　　丝巾法则第五条：丝巾和服装的颜色搭配。我们在第二章谈到了一些色彩搭配的基本概念，下面具体谈一下丝巾色彩和肤色以及服装色彩的关系。

　　首先，丝巾距离面部最近，丝巾的首选颜色是和自己的色彩 DNA 吻合的颜色，因此你要先判断自己属于深暖色、浅暖色、深冷色，还是浅冷色。

　　接下来，用什么颜色的丝巾和衣服搭配呢？最简单的办法就是衣服的颜色和丝巾上任意的颜色匹配，这样视觉效果就不会差，如果丝巾上的颜色饱和度高一些就能提亮整体造型，或者黑色和所有深色的有彩色搭，白色和所有浅淡色搭。请看这几

这条丝巾提亮了整体的蓝色造型，丝巾上的宝蓝色和针织衫是相同色相

深色的有彩色和黑色的搭配效果很优雅

白色和所有浅淡色搭配效果很柔和

张图。

丝巾法则第六条：丝巾系法其实不拘泥于几种，可以自由发

长巾随意搭在肩上营造一种不经意感

长巾可以穿插一下，打造干练气质

68cm×68cm 中方巾系出利落的帅气

90cm×90cm 方巾系出优雅的气质

90cm×90cm 方巾对折系出 V 领超强气场

90cm×90cm 方巾对折系出柔美亲和力

90cm×90cm 方巾系出飘逸感

90cm×90cm 方巾系出干练的
蝴蝶结作为领饰

90cm×90cm 方巾系出饱满的
钻石结

90cm×90cm 方巾折叠后系成发带

90cm×90cm 方巾折叠后做成包饰

挥，有时不用刻意去系，随意搭在肩上就是一个很好的造型。

— 首饰是很私人化的配饰，同样会说话 —

首饰的选择非常私人化，在所有配件中是最难的，但也是最容易的。首饰简单划分就是两种：一种是日常佩戴的，还有一种是酒会、活动佩戴的。

日常佩戴的首饰主要讲究精致程度，是非闪烁类亚光首饰，要突出首饰的精致度和设计感；所有闪烁、夸张的首饰都应留到晚上佩戴，过度 bling bling 的廉价首饰很难和品位挂钩。如果选择了丝巾作为主要配饰，首饰就选择黄金或者白金的细链类低调首饰，让丝巾做主角。在不配戴丝巾的时候，可以用夸张的珠宝做搭配。当然，这里还有一个身份和行业问题，晚会场合就没有什么限制了，但在银行或者其他一些对首饰佩戴有要求的行业工作就需要遵守公司的要求。这里有几个选择首饰的参考建议。

黄金首饰适合暖色皮肤佩戴，白金首饰适合冷色皮肤佩戴。24K 金首饰太老气，和品位完全无关，18K 金首饰会有更多时尚款式可以选择。简单低调的首饰，比如精致的耳钉、细小秀气的吊坠都是百搭，这类首饰是入门级产品，给人稳重、传统且优雅的印象。

银饰很有艺术感觉，成本也不高，但是银饰很容易氧化，需要不断用擦洗剂擦洗。佩戴有设计感的银饰其实很有品位。

半宝石首饰对于优雅、有品位的女人来说是必备的。常见的天然半宝石有：水晶石、碧玺、月亮石、绿松石、玛瑙等。我认为半宝石是款式选择最多、最漂亮的首饰，值得有品位、有趣的人士选择和收藏。半宝石首饰单独佩戴最好看，配套佩戴就未免有些老套。在鸡尾酒会，一个非常精美、夸张的戒指就足以带来震撼的感觉了，再加任何其他的装饰都会画蛇添足，品位全无。

珍珠首饰也是一个不错的选择，但是珍珠的款式选不好很容易给人显老的感觉。戴珍珠或长串白珍珠绕2~3圈，或戴单颗的南洋珠，用来搭配白衬衫，效果非常特别。

贵重宝石是指钻石、红宝石、蓝宝石等比较稀有的宝石，通常是婚礼类首饰。这些宝石的搭配原则也是非常忌讳成套佩戴，只要有一件突出的就足够了。

现在，很多复古首饰是不错的选择，是高品位的标志。

品位穿搭要素五：配件是你的个性签名，会说话。

- 把袜子穿出品位 -

其实，袜子非常能看出一个人是否注意细节，而品位就蕴藏于细节中。

现在大家比较注意穿连裤袜配裙子了，已经没有人穿长筒丝袜配裙子了，那样露出一截大白腿实在不雅观，除非潮人用长筒螺纹棉袜来搭配超短裙。常穿的丝袜就是肉色和黑色两种。每种颜色又分厚袜子和透明薄袜。

先说肉色，浅肉色的丝袜虽然显腿白，但是也会显腿粗，我建议用小麦色、米咖色的丝袜代替浅肉色丝袜，这样能迅速提升品位，黑色连裤袜一定要是亚光的，有光黑丝袜会显腿粗。但我注意到很多人不太注意颜色搭配。黑丝袜只用来搭配黑鞋子，用黑丝袜配浅色鞋子非常不和谐，最可怕的是用黑丝袜搭配白鞋和白裙子，而小麦色的袜子几乎什么颜色都能配。由于现在流行鞋子的颜色比裤子和裙子都浅一点，因此裸色鞋子非常普遍，甚至裸粉色、荧光绿色、荧光黄色的鞋子都是很入时的搭配，这时小麦色的丝袜要比黑色丝袜更合适。黑色和裸色的薄连裤袜用 10 丹尼尔的为佳。夏天的凉鞋最好的穿着方式是光脚穿，所以连裤袜只是春秋和冬天的行头。黑色的渔网袜、带波点等图案的黑色丝袜可以和牛仔裤搭配，制造混搭效果，但也仅限于休闲场合。带后中直线的黑丝袜仅限于很直的腿形，这种袜子很优雅，可以搭配西装短裙、一步裙。冬天，大家就要穿厚的连裤袜了。我觉得螺纹连裤袜很好穿，和平纹质地裙子面料会有一个很好的肌理反差，可将品位、细节都照顾到。螺纹连裤袜冬天搭配鱼嘴鞋反差效果也不错，当然和靴子搭配更没有问题。但厚的肉色连裤袜就不建议穿了，很显臃肿，即使穿遭人黑的秋裤配短靴也比穿肉色连裤袜配短裙效果要好。

短筒丝袜几乎没有机会穿，如果不穿就断舍离吧。

现在很流行用长筒棉袜搭配短裙，用长筒棉袜搭配凉鞋，这种潮流搭配是 20+ 小萝莉的常见穿法。

现在流行七分裤，裤子突然短了一截。这时候，就很考验我们搭配袜子的眼光了。这时候，用棉质彩色线袜和衣服呼应就会使整体造型显得非常和谐。我尝试过用米色中长筒棉袜配白色七分裤，米咖色袜子和花咖色的纯毛毛衫做细节呼应，这种搭配没有过度暴露袜子颜色，低调的色彩呼应是品位搭配的信号。

运动棉袜仅限于与运动鞋搭配，和任何皮鞋搭配都会显得不和谐，即使是休闲皮鞋也要配同色或近似色的中长筒棉袜。

面料本身释放的风格信号

无论从品位角度还是从时尚角度，面料的选择就已经为整身造型定了基调，一个造型是否有品位至少要从三个方面来判断，第一是颜色（远看和第一印象），第二是面料（近看视觉），第三是剪裁和轮廓（远近综合视觉）。这三个方面缺哪一样都会有损品位。

我记得自己年轻的时候只注重服装的款式和颜色，不注重材质，买个样子货，赶赶时髦。那时候，自己充其量也就追求一个"潮"字。但事实上，一件衬衣也好，一条丝巾也好，有品位与否在很大程度上取决于面料是否选对。有些款式需要垂感好的面料，飘逸感就是这个款式的重点；有些款式则需要有硬挺特性的面料；有些图案需要有光泽的面料，比如缎面织物；有些颜色只有在水洗处理后的棉布上才能体现，比如靛蓝在牛仔布上的呈现；黑色在羊毛织物上印不黑，而在桑蚕丝上最黑，因为桑蚕丝的吸墨属性比羊毛和棉都强。

最有质感和品位的面料非天然纤维莫属。而天然纤维成分还分动物纤维和植物纤维。动物纤维，比如羊绒、羊毛和桑蚕丝是蛋白质纤维，和人体皮肤最接近，穿着舒适，而且蛋白质和胶原的光泽是其他纤维无法取代的。植物纤维里棉麻是最常见的。所有动物纤维和植物纤维还有各种等级差别。不同的棉纱等级决定了不同的棉布等级，不同的桑蚕丝等级决定了不同的丝绸面料等级。A级品的桑蚕丝占总产量的40%左右，只能供高级染色的丝绸衬衫使用，因为疵点在纯色布料上会很明显；B级品的桑蚕丝通常用来做印花布料。我们玛丽亚·古琦的丝巾一直都是选用A级品，以保证丝巾的品质。而更低级的桑蚕丝或者废丝就打成短纤维去和羊毛混纺织毛衣了。

由于高科技的出现，现在很多合成纤维在手感以及外观上非常接近天然纤维，甚至动物纤维，比如聚酯纤维仿真丝、晴纶仿羊绒等都做得很好，而且在纤维牢度上胜过天然纤维，成本也要比天然纤维低很多，还免熨烫，但化纤市场的产品良莠不齐。那么，不同面料都有些什么属性呢？

－ 布料的基本属性 －

布料在消费端有几个基本属性：成分、手感、面料厚度、织物表面肌理、垂感、弹性、抗皱能力等。

从专业角度来讲，除了对于消费者的外观属性之外，面料还有实验室的检测属性，比如吸湿性能、耐磨牢度、水洗色牢度、防晒色牢度等，这些属性决定了面料在穿着时的各种功能，如吸汗能力、是否结实、是否容易掉色等。有些属性取决于纤维特性、纤维加工处理方式，比如是否加捻及其织物结构，这些决定了面料是否结实，表面是否有光泽。

布料属性决定了它们的各种特点。要谈面料，我们首先需要了解纤维，因为纤维决定布料的成分和主要特征。

天然纤维是最亲肤的，手感最舒服，论品位也非天然纤维莫属。但天然纤维也分等级，棉麻的低等级面料有可能是麻袋或者麻绳，这些低等级的天然纤维的成本非常低廉。

动物纤维及其不同属性

丝是我们祖先发现的一种动物纤维，传说古代有人在桑树下发现了一堆白色的蚕茧，古人还以为是可以食用的果实就拿来煮了。煮了之后，白色的蚕茧变成了白花花的丝线。古人发现用这些丝线遮体比用兽皮和麻布会舒服很多，而且细腻滑爽，蚕丝就这样被发现了。还有的版本说有一位皇后喝茶的时候蚕茧掉到了茶杯里，从这个蚕茧里抽出丝后能织布。无论哪个说法是真实的，总之桑蚕丝是偶然被发现的。桑蚕丝是天然的动物蛋白质纤维，是蚕虫食用桑叶后吐出来的丝，是丝绸织造的主要原料，在丝绸工业里被称为白厂丝。它有光滑柔顺、富有光泽、冬暖夏凉的特殊属性。我们常说的真丝其实分成桑蚕丝和柞蚕丝，前者的蚕虫吃桑叶，而后者的蚕虫吃柞树叶，桑蚕丝细腻光滑，可以织出非常轻薄的织物，如真丝雪纺等，而柞蚕丝是一种比较粗且不均匀的蚕丝，非常粗糙，适合做家装布艺，如窗帘靠垫等。我们常用的其实是桑蚕丝，不是柞蚕丝。

目前，90%以上的桑蚕丝产于中国。其他亚洲国家也有丝绸，比如泰国也是产丝国，但是泰丝的品种和我们的桑蚕丝不同。泰丝比较亮，而且风格粗犷，适合做靠垫和制服，很多泰国的民族服装都是泰丝做的，很挺阔。而中国的桑蚕丝滑爽细腻，可以织成不同厚薄的绸。桑蚕丝的厚薄用姆米表示，轻薄的桑蚕丝面料是8~10姆米，重磅的桑蚕丝在20姆米左右，1姆米大约为4.3056克/平方米。也就是说，20姆米的桑蚕丝每平方米克重可达86克，和棉布的厚度差不多。轻薄的桑蚕丝通常织成真丝雪纺、真丝乔其和真丝电力纺。真丝雪纺和真丝乔其的差别是雪纺是平纹织物，乔其是纱线加过捻，所以面料有起皱效果。加过捻的布料虽有些弹性，但很容易缩水，因此在购买乔其或者双绉类面料的衣服时，注意不要买得太合体，否则下水后很容易不能穿了。中厚度的桑蚕丝就是10~14姆米的面料，常见的有斜纹绸、双绉等，斜纹绸和双绉通常会用来做丝巾、真丝衬衫或者连衣裙，属于高端面料。再厚一点的桑蚕丝就被称为重磅真丝了，通常是16姆米以上的绸子。但重磅真丝不常见，因为真丝是以克重论价格的，重磅真丝连衣裙的价格不是多数人可以承受的。

桑蚕丝是高端面料，很多高定服装喜欢选用桑蚕丝，双宫绸、塔夫绸都是婚纱的最高端面料。它的表面肌理细腻，光泽高贵，细腻的轻薄面料中没有其他纤维可以比拟。用一件真丝双绉衬衫和一条真丝斜纹绸丝巾来凹造型，品位马上升级几个段位，气场也会随之上扬。

同样是桑蚕丝，不同的织法造就了不同的面料属性。真丝斜纹绸比双绉更硬挺一些，因为它的密度非常高，织物结构接近棉里面的帆布和牛仔布。真丝斜纹绸适合做丝巾，因为它的浮丝比较长，光泽度很好。真丝双绉的表面光泽不如斜纹绸，真丝缎的浮丝最长，光泽度是所有织物中最高、最华丽的，但由于浮丝较长，缎纹面料很容易被勾丝。双绉表面的光泽是亚光感，表面效果更内敛、低调。真丝雪纺是最飘逸、手感最滑爽柔软的面料，用来做丝巾非常飘逸。桑蚕丝还可以先染色随后织出色织绸做领带，或者织锦缎做中式服装。历史上的绫罗绸缎就是 4 种基本的桑蚕丝织物的织法。记得我刚入行丝绸的时候，老前辈给我上的第一堂课就是把绫、罗、绸、缎的织物结构图画在笔记本上。现在市面上的欧根纱就是 organza 的英文音译，是一种罗，被历代文人墨客写入诗词歌赋之中；四经绞罗是中国古代织罗技术的最高峰，这种罗织物的织造技术早已失传，成为中国丝绸技术的历史之谜。

桑蚕丝强度很高，在天然纤维中仅次于麻的强度，很少有人听说一件真丝连衣裙穿破的，或者丝巾戴破的，它的强度远高于棉和羊毛。

但是世界上没有一种纤维是完美的，所有真丝面料都不好打理，通常不能用水洗，因为动物纤维呈酸性，表面的光泽如果下水用洗衣液洗过后就变得暗淡无光，所以现在很少有人愿意穿真丝连衣裙，因为真丝连衣裙完全要干洗，成本很高。丝巾倒还好，基本 2~3 年送出去干洗一次，还是可以承受的。如果想自己手洗丝巾其实也是可以的，但需特别小心，要使用洗发水洗真丝产品，洗完后用护发素过一下。真丝产品不能用热水洗，不能浸泡，否则对蛋白质的破坏就太大了，而且真丝产品的色牢度都不高，浸泡后会褪色。颜色越鲜艳色牢度越低，黑色的色牢度更低。水洗后鲜艳的颜色会褪掉一些，所以尽量不要水洗。尤其是新的丝巾或者丝绸衣服都是在很高温处理之后才入包装的，没有什么细菌。如今真丝产品都是高档货，不是普通工厂能做的，因为风险比较高，做真丝的工厂管理都是比较先进的。买来真丝产品就下水洗的顾客，我劝你还是不要洗或者不要买真丝产品，因为这样做实在太可惜了。

真丝的抗皱能力不强，洗后或者压后都会起皱，需要用平板熨烫，挂烫机并不适合真丝类面料使用。用平板熨平，丝绸至少可以很挺阔地支撑一天。

不完美或许就是完美的一种，就像维纳斯一样。桑蚕丝是品位之选，衣橱中至少要有几件桑蚕丝单品，建议大家购买丝巾，这是最划算的投资，因为衣服可以用其他面料，但丝巾要用桑蚕丝的，这种组合的衣品远高于桑蚕丝连衣裙加涤丝的丝巾。配件一定要用精品，而且配件不需要像衣服那样常洗常换。

羊绒是生长在山羊外表皮层、粗毛根部的一层薄薄的细绒，是纤维之王，入冬寒冷时长出，用于抵御风寒，开春转暖后脱落，自然适应气候，属于稀有的特种动物纤维。羊绒之所以十分珍贵，不仅由于其产量稀少（仅占世界动物纤维总产量的0.2%），更重要的是由于其优良的品质和特性，在交易中以克论价，被人们认为是"纤维宝石""纤维皇后"，是目前人类能够利用的所有纺织原料都无法比拟的，因而又被称为"软黄金"。

羊绒极品是指精选的白中白无毛山羊绒，这种羊绒均采自生于头年二月至次年四月的周岁鄂尔多斯白山羊的肩部和体侧，平均细度在 14.5 微米以下，长度达 36 毫米以上，为我国独有资源，极其珍贵稀有，适合做超薄型羊绒制品。越薄的羊绒制品所需要的羊绒越细，也越贵。虽然羊绒也是论克卖的，但是厚羊绒所需要的羊绒等级并没有薄的羊绒等级高。也就是说，越细薄的羊绒越贵，厚实的粗纺羊绒，比如羊绒厚围巾、羊绒毛呢大衣其实对羊绒等级要求不是很高。

羊绒是一根根细而弯曲的纤维，其中含有很多的空气，并形成空气层，可以抵御外来冷空气的侵袭，让体温不会降低。羊绒比羊毛细很多，外层鳞片也比羊毛细密、光滑，因此，重量轻、柔软、韧性好。羊绒的奢华性能就在于又轻又保暖。

羊绒衫和羊绒围巾的确是奢华的有品位单品，也是我们衣橱值得投资的"软黄金"。如果衣橱里只有一件毛衣，它必须是羊绒的。这类单品一旦置入，至少可以使用 10 年。所以，羊绒制品最好选择中性色，以及适合自己肤色的颜色，这类款式也要选择基础款，可以长久穿着。羊绒本身就显示了顶级品位。但千万别误解我，我说的基础款不等于过时的基础款，我 20 多岁时买的羊绒衫穿了没多久就捐了，它们的确是基础款，但基础款也需要是适合自己的基础款。

高品位的羊绒产品，由于其纤维细而短，故产品的强度、耐磨性、起球性能等各项指标均不如羊毛优越，它十分娇嫩，其特点真好像"婴儿"的皮肤、柔软、细腻、光滑有弹性，但使用不当易缩短其使用期限。在使用时应特别注意减少较大的摩擦，防止起球。羊绒的养护方法和桑蚕丝很像，尽量不要水洗，实在需要水洗也要用中性洗涤液在冷水或者温水中洗涤，不要浸泡，不要拧。羊绒产品最怕的就是用洗衣机烘干，从烘干机里拿出来的完全就是另外一件衣服了，或者说瞬间变成童装了。羊绒很容易招虫咬，所以一定要干洗或者洗后再过夏天，否则来年再穿的时候，你滴上酱油的地方可能就会出现一个洞。

羊毛，顾名思义是出在羊身上。羊毛品质取决于很多因素，有羊的品种和饲养方法，还有羊毛的处理方法。目前最好的羊毛仍旧是澳大利亚的美利奴羊毛，它的细腻度和长度都优于国产羊毛。由于处理方法不同，国产毛有时会有点扎扎的，对皮肤有轻微刺激，而柔软的澳毛就不会有这个问题。

羊毛织物通常分成粗纺和精纺两种。粗纺羊毛是40纱支以下支数的羊毛，这类羊毛织物较厚，有点类似毛呢大衣的感觉。粗纺羊毛的保暖性优于精纺羊毛。精纺羊毛也称精梳毛，精纺毛织物通常是60纱支以上，比粗纺要细腻很多，类似于纯毛西装布料，轻薄细腻。羊毛产品不是越厚越贵，而是越薄越贵。110纱支的羊毛就比100纱支的羊毛织物贵一些，经过丝光处理，或者说脱掉毛鳞片的羊毛就是丝光羊毛，这种羊毛更滑爽且有光泽。

粗纺羊毛围巾是用来保暖的，精纺羊毛围巾质地更柔软舒适，佩戴时更有质感、更有品位。粗纺呢大衣是保暖的，而西装是穿挺阔的，西装面料其实也是越细腻越贵，道理是一样的。

除了纤维特点以外，织物结构也决定了部分织物属性。针织的羊毛，就像我们穿的毛衫就会因织法而有弹性，梭织的羊毛面料多用于做西装和套装。玛丽亚·古琦的羊毛围巾就有梭织、针织、粗纺和精纺不同种类。

羊毛也是动物纤维，千万不能高温洗，最好手洗。不过，现代洗衣机都有缓和洗或模仿手洗功能，所以大家可以谨慎尝试。大部分澳大利亚羊毛都可以机洗，意大利的可洗毛纱织出的毛衫是可以安全地机洗的。

植物纤维及其不同属性

棉布是棉花纺纱织布的产物，棉也分很多等级。最好的长绒棉产于埃及，基本用来做床单被罩，纱支越高越细，也越薄。除了纱支之外，织法也对面料外观产生影响：牛仔布、帆布、斜纹布就比较紧实、厚重；色织提花布也比较厚，适合做沙发布；棉法兰绒是很厚的表面起绒织物，穿着舒适，适合做睡衣，又暖和又柔软；而轻薄的棉布可以做纱支很高的手绢、颈巾等精仿饰品，高端的白衬衫使用的是高纱支的白色塔夫绸或者平纹细布。

棉布本身有休闲度假指向，所以是一种休闲服装面料，还可以做家居内饰布艺。棉布的吸汗能力比所有纤维都好，所以是做运动类服装的首选面料。棉怕酸、不怕碱，吸湿性良好。棉布的作用非常广泛，可粗可细，可厚可薄，可正式可休闲。过去，富人穿细布，穷人穿粗布。棉布是一种可塑性非常强的纤维。

棉布的短板就是容易褪色，耐磨度不强，牢度不够，洗过几次就旧了，容易起皱。棉布可以水洗，只是不经洗而已。

麻的品种比较多，好的麻制品也是要经过很多加工处理才能有柔软度。无论是苎麻还是亚麻，麻类植物本身都有刚性，很硬挺。亚麻纤维是人类最早发现并使用的天然纤维，具有天然的质地和淡雅质朴的色彩，有抗紫外线功能，对人体皮肤无刺激作用，还有良好的散热功能和一定的抑制细菌功能。

亚麻制品纱支越高表面越光滑，质量越好。选亚麻要先看光泽度，再看表面小疙瘩（粒头）的多少。一件亚麻制品表面的粒头越少，质量越好。好的亚麻制品悬垂感好，而且很滑爽。苎麻制品褶皱明显、棱角分明，亚麻制品褶皱较大、自然且会慢慢散开，亚麻比苎麻更柔软。

苎麻的结构很松散，织品经纬线之间缝隙很大，而亚麻的布面结构非常饱满，悬垂性特别好；遇水时，苎麻制品变硬，而亚麻制品则很柔软。

麻的主要成分是纤维素，另外还有果胶质、脂肪、木质素等。它的化学成分与棉纤维基本相同，所以麻纤维具有一些与棉纤维相似的性质，如怕酸、不怕碱、吸湿性良好等。在洗涤和熨烫时，也应该像对待棉织物一样对待麻织品。在天然纤维中，麻的强度最高。

虽然麻很容易皱，但是麻的皱褶是一种慵懒的褶皱，是一种休闲高级的褶皱，和化纤的笔挺相比，这种褶皱更高级。意大利人很喜欢穿亚麻，因为意大利南部的气温很高，而麻制品透气性很好且不贴身。

合成纤维

黏胶纤维（Viscose）、莫代尔（Modal）、莱赛尔（Lyocell）、

铜氨（Cupro）、天丝（Tencel）是 20 世纪末研发出来的新型纤维，属植物再生纤维，或者叫纤维素纤维，来自植物，完全符合环保要求。

黏胶纤维、铜氨和天丝都是短纤维，和棉纤维很像，故也叫人造棉，具有很好的透气性、吸湿性和舒适性。黏胶纤维的吸湿性比棉还好，黏胶的化学结构与棉相同。

莫代尔，也叫木代尔，和天丝、莱赛尔等一样，是一种新型纤维素纤维，其成分和黏胶纤维相似，是一种比较环保的人造纤维。

这些纤维的特点都非常接近，性能相仿，有些织法还能制造出和桑蚕丝接近的特性。现在，有很多国际品牌都使用黏胶纤

黏胶纤维连衣裙有很好的透气性

维，因为它可降解，对环境没有伤害，同时还具有天然纤维的很多特性，非常受国外消费者欢迎。

这些纤维素的湿洗强度都不高，在水里容易变形，所以低温手洗是一个办法，或者用最缓和的档位机洗，或者放入洗衣袋中机洗。我从去年开始穿黏胶纤维的衣服，感觉舒适度不亚于桑蚕丝，熨烫比较容易，用挂烫机可以很快搞定，平板熨烫更快。只是穿着过程中较容易起皱。这是再生纤维的缺点。

聚酯纤维（Polyester）、锦纶（Nylon）这些都是化学合成纤维。聚酯纤维简称涤纶，涤棉布就是聚酯纤维和棉布的混纺，但涤丝不是，涤丝就是纯涤纶仿真丝。锦纶就是尼龙，学名聚酰氨纤维，有弹性，但不耐热，多用于运动服装面料的生产。

聚酯纤维的种类很多，用超细纤维做成的聚酯连衣裙外观有真丝特性，可以用冷水机洗，且免熨烫、易打理

聚酯纤维在时尚领域运用得更广泛一些。欧美一线品牌现在也不忌讳采用聚酯纤维。有些聚酯纤维经过加工变成了超细纤维，可以做成很像真丝的仿真丝产品，除了透气性没有真丝那么好以外，在外观上基本可以以假乱真，同时还可以机洗、免熨烫。只是聚酯纤维不能降解，在环保方面不是那么友好。

面料结构是指通过对织布机的设置，来实现所需的各种不同布纹组织或者结构，有些布纹可以用几乎所有常见成分的纱线来织。所以，我们经常的误区就是认为雪纺是涤纶的，或者认为乔其是聚酯纤维的。其实，涤纶就是聚酯纤维，那是成分名，而雪纺、乔其才是布纹的名称，或者叫织法。

下面，就介绍一些常见织法以及它们的特点。

平纹，表面平滑、肌理细腻，厚度根据纤维特点而定，棉麻、羊毛、羊绒的平纹有厚有薄，桑蚕丝的平纹类织物都比较轻薄、比较正式、传统。羊毛平纹类面料是西装的常用面料。

斜纹，表面平滑，有清晰的斜纹肌理，真丝斜纹常用来做丝巾或者衬衣，棉斜纹制品最常见的就是牛仔裤。真丝斜纹比较正式，棉布斜纹却非常休闲。

缎纹，有时也被称作色丁布，表面非常光滑，基本看不出有任何肌理，有较长浮线，故有较亮的光泽，但表面容易勾丝。缎纹通常采用桑蚕丝、人丝、人棉等植物再生纤维，或者聚酯纤维（也被称为涤丝缎），经常用于睡衣类面料，比较轻薄。有些很厚的涤纶布，能做成色丁布，用于雨伞伞面。缎纹面料比较正式、传统。

雪纺是织物结构密度很低的一种平纹面料，是一种很轻薄、透明的材质。现在最常见的是聚酯纤维，或者叫涤纶雪纺，其实雪纺只是一种织法。真丝雪纺就是质感很好的面料，可以做丝巾或者连衣裙。雪纺比较轻薄，雪纺服装通常会有里衬。黑色的雪纺适合做晚装，其他颜色的雪纺比较适合做休闲装。

乔其也是密度很低的面料，也透明轻薄。乔其和雪纺的差别是，乔其的纱线有加捻，所以面料起皱，而且微弹，而雪纺是平纹的，没有皱感。乔其也被称作乔其纱，适合做连衣裙或者衬衫。它的特点是垂感和飘逸感比较好，轻薄透气。桑蚕丝、涤丝、黏胶纤维都可以织成乔其。

针织布料都比较休闲，毛衫类都是针织出来的，T恤衫也是针织布料的。针织最大的特点就是有弹性、方便舒适，有明显的休闲特征。

表面变化比较大的面料都是特殊肌理布料，比如下面这几种。

提花布料：这种面料还是比较常见的，是通过提花机织出的有凹凸感的面料，花纹可以随意变化，一般比较厚，比较复古。提花围巾、提花领带都是提花结构，旗袍有很多也是提花面料。

粗花呢：这类面料的表面有些粗糙的肌理，一般用来做西装，尤其是短款西装。粗花呢服装会有扩张感，所有厚重的面料、表面肌理粗糙和拉毛的面料都会有显胖特征。

灯芯绒：这类面料比较休闲，通常做牛仔裤等休闲装。

起绒面料：纤维做表面拉毛处理后的面料，有非常多的种类，常见的有做睡衣的法兰绒，涤纶磨毛床单也是这类面料做的。拉绒处理是把面料表面纤维进行磨毛和拉绒处理，把长纤维打成短纤维；起绒是为了增加舒适感。

丝绒：这类面料有很强的复古指向，有时会很流行，有时又很过时。由于成本原因，现在的丝绒都不是真丝制成的。

压皱类面料：这类面料比较流行，或许是因为三宅一生的服装是压皱类设计。多数不规则压皱面料都具有比较休闲的特点，三宅一生的规则压皱则具有比较正式的特点。

皮革类面料：这类面料是无纺面料，不是织出来的，但是皮革在时尚界有着很特殊的地位。皮革给人摇滚和中性风的信号，常常用来做皮夹克或者皮裙，这种面料的服装比较耐穿。

布料设计师们一直致力于设计出不同的布纹、不同的组织来满足变化着的市场需求。归纳起来，越是肌理平滑的布料越显得干练精致，布纹或者肌理比较特殊的面料配合裁剪能制造出特殊的效果。布纹没有好坏，只有适合不同的个性风格或者适合在不同的场合穿着。

服装设计师的职责简而言之就是用合适的布料（颜色、花型、材质、织法）去匹配服装剪裁。这个工作需要专业度、想象力和经验的积累。而消费者也需要从这几个方面去精选出适合自己的服装。

成套的装扮是罪恶，混搭为王

现在这个年代，最懒惰、最没有品位的穿法就是穿套装了，穿套装给人的感觉像没有个性、没有表达的衣模。所以，尽情用优衣库去搭配香奈儿，没有人会批判你，只要确保自己喜欢的那件关键单品是花重金投资的就行，因为这件单品你穿着的机会最多。印花连衣裙可以和不同颜色与风格的鞋子混搭，也可以和项链与帽子做搭配，上下都是名牌一定不如上身穿着新潮的衬衫，下身搭配老式一步裙更有品位、更自信。

下面，介绍几种混搭的方法。

基本款和时尚款混搭：黑灰米色的经典款可以和时尚单品混搭，如基本款黑色西裤和白衬衫搭配一条辣椒红的丝巾，黑色正装西装搭配飘逸的碎花连衣裙，一袭黑衣搭配一双荧光绿的高跟鞋。按照这个逻辑，可以搭出太多的穿法。

如果临时没有任何可以获取的配件，直接把衬衫一半放在西裤里，另外一半露出，用当下不对称造型去穿基本款也是一种风格混搭。

面料混搭：如果上衣是一件轻薄的丝绸衬衣，下身最好避免垂感过度的面料，而要搭配硬挺的裤装或者一步裙，甚至皮裤或者皮裙。反之，如果上身是皮夹克，里面搭条雪纺大摆伞裙会很出彩，也可以用马海毛上衣搭配皮裙。总之，厚薄混搭，亮光和亚光混搭。

如果确定要穿一条针织的外穿毛裤，那上面就一定要配皮衣或者硬挺面料的长款上衣。我可以毫不夸张地说，看到有人穿着针织阔腿毛裤，上衣配的也是毛衣，我就感觉她看上去很像只穿了睡衣。

长短混搭：如果上衣是长款，下身最好不要搭配太长的裙子；反之，如果上身是短款，下身就要搭配长裙或者长裤。如果是及膝长靴，那一定要搭配超短裙。

宽松紧身搭配：如果上身是宽松的褶皱衬衫，那下身要搭配紧身的铅笔裤或者铅笔裙。

风格混搭：如果穿一件波西米亚印花连衣裙，那搭配一件黑色皮衣会很出彩。同样一件宽松的丝绸衬衫，可以搭配牛仔和休闲短靴，也可用黑色一步裙和黑色半高跟鞋搭配出职场造型。

总之，最高境界的穿衣技巧是穿出自己的风格，能够把高定和街头风格有机混搭，把休闲和职业装混搭，在易穿及玩味间找到完美平衡。

品位穿搭要素六：混搭为王。

职场穿衣的重点是让气质和气场加强

- Girl Power（女人力）的实现靠"领袖"作用 -

如果你需要打造"权力"气场，最简单的方法就是穿有领子、有肩的西装，有领有袖才能称之为领袖嘛！如果需要再增加权力等级，就把面料用得更硬挺、颜色更深，黑色象征最高权力，最高权力系数的造型是上下全黑色。我前面说过不要穿套装，但是套装如果搭配高品质丝巾和丝质内搭，那套装就穿活了。随着权力等级的下降，柔化权威感的方法就是逐步减少黑色的运用，比如上衣是黑色，下身就不能搭配灰色，而是增加花卉元素，如用一条印花连衣裙做打底，最后也是最好的方法就是用丝巾搭配，这样不仅可以柔化硬朗的气场，也增加了属于自己的个性特征。

– 黑色的力量 –

颜色越深显得越严肃，气场越强大。比如黑色、深灰色、酒红色、深藏青，这些都是彰显权威、增加气场的颜色，而黑色是权威之最。美国有个创业明星伊丽莎白·霍尔姆斯，一度被称为"女版乔布斯"，她从 19 岁开始白手起家，在硅谷杀出一条血路，成为当时影响力最强的公司的 CEO。后来，她的一个项目被曝出惊人骗局。有一本书叫《坏血》（*Bad Blood*），就是写她的故事。她就靠着一件黑色高领毛衣打上了硅谷创业的标签。她平时是整体黑色造型，比如黑色西装配黑色高领衫。虽然长了一张娃娃脸，但黑色让她获取了不少信任，让她给人严谨、靠谱又专业的形象。这件黑色的高领衫成了她的标志，除了她的表达能力，她获得的信任中不乏黑色穿衣搭配的功劳。

– 剪裁简洁 –

真正的精英人士从来不靠品牌刷存在感，而是穿衣简约又不失质感。如果穿得太炫富、太浮夸，只会被人认为是网红。所以，走职场风路线、加强女精英的标签靠的是简约大气、去浮夸、强调内在感。即使搭配中没有大牌的影子，都是一些极简基本款，但只要剪裁妥帖、注重细节，都能透出一种精英感。女性可以做到既有满满的职场感，又有女人味。比如铅笔半裙、尖头高跟鞋，都是职场女性的武器，可以让职场女性看起来既优雅干练，又不失气场。

－ 材质的角色 －

可能有人会说：英女王不穿黑色，只穿彩虹色。不知大家注意到没有，女王衣着的面料质地都是超好的。除了肩领、黑色能给你力量，面料的质地、厚度也能给你力量。越厚越挺的面料会给你更多的气场，雪纺连衣裙给你带来的不是力量，而是浪漫、灵动。

硬挺的面料能增加力量和气场

除了面料硬挺以外，配件如果有棱角，比如硬包、高跟鞋，也能增加气场。

丝巾肯定要选择真丝的，除了桑蚕丝之外，织物结构比较硬挺的斜纹绸才能撑得起足够强大的气场。

– 条纹和几何图形是职场的知性选择 –

我前面谈丝巾图案的时候，谈到直线代表知性，曲线代表浪漫，小图案比较柔和，大图案有很强的影响力。所以在选择衬衫或者印花图案连衣裙时，这个规则同样适用。也就是说，小碎花连衣裙会传递比较柔和的信息，而较大图案会传递比较强烈的信息；条纹和格纹比较知性，花卉和曲线图案比较浪漫。由于亚洲人的身材和脸型线条普遍柔和，因此曲线图案更适合亚洲人。小碎花适合 20 岁以上比较浪漫的人群，中型曲线适合 30 岁以上的女性，很大的花型只适合秀场走秀，可以制造影响力；比较密集的花型适合沙滩聚会，比较稀疏的花型更雅致，更适合各种活动和重要场合，条纹和格纹是非常知性的职场选择。

不同场合穿衣：职场日装的特点和晚 7 点之后的活动的穿衣密码

晚装的特点就是金属线和闪光效果，而日装正相反，任何闪光效果的上衣、裙子、连衣裙、包、鞋都是晚装属性的穿搭。现在，晚上的活动没有那么讲究了，一般的活动，有一个半宝石鸡尾酒会戒指，穿着小黑裙或者黑色上衣、黑色铅笔裤、黑色尖头高跟鞋，颈部再搭上一条丝巾就足够了。

小黑裙和丝巾搭配效果

如果你有很多 bling bling 的晚装，我的建议是如果裙子上有闪光的亮片，鞋子就尽量选纯黑无装饰的，或者装饰也是黑色的，首饰也尽量用简单的纯金手镯或者耳钉。如果鞋子很绚烂，就搭配剪裁合体的小黑裙，无须过多的装饰。总之，浑身上下最燃的单品最好只有一件。

在视觉上营造修长身材的贴士

大多数人都渴望拥有瘦高的身材，很多人都在减肥。其实，只要穿搭方法合适，在视觉上至少能减好几公斤，而且还能保持正常的生活，只需在穿搭上下功夫。前面我讲过女人常见的5种身材以及穿搭方法，以下从营造修长感的角度做一个总结。

V领的衣服可以从视觉上拉长人的高度，上身圆润的人用V领是很有效的方法，能把上身拉长，甚至脸型也能被拉长，头颈也能显得修长。如果是圆脸就更应该穿V领衣服，而不要穿高领，比如高领羊毛衫，穿圆领也有一定风险。

硬挺面料显瘦。如果是雪纺和平纹布，一定是硬挺的布料比软料显瘦，这就是为什么穿深色的收腰西装外套一定显瘦。

深色，如黑色、深藏青、森林绿，都有收缩的作用，在视觉上显瘦；而饱和度高的暖色，如大红、亮黄，都有扩张的效果。

上下身同色会显瘦、显高，因为这种搭配在视觉上是一个整体在往上下延伸；上下身颜色反差大的，会在整体上造成分割感，显矮。

裙子要盖住腿部比较粗的线条，露出最细的部分，这样从视觉上会使人显得修长。

在腰线之上系皮带，能遮挡住隆起的小腹；腰带千万不能系在自己真正的腰线上，那样的话会显得肚子凸起。这一条对于梨形和苹果形身材的人有特效。

穿深色高腰裤，把衬衣束在裤子里面，会显腿长。

穿西服外套，肩部的棱角会在视觉上显瘦。有棱角的单品，比如硬包、尖头鞋等都有显瘦的功能。矮个子穿圆头鞋就不适合。

梨形和苹果形身材的人穿阔形单品会显胖，特别是硬挺面料的阔形对于梨形和苹果形身材的人是灾难。阔形只有瘦高身材，如 X 形和 H 形身材的人穿才会显瘦。

直筒或者阔裤腿长裤，再配上高跟鞋，能拉长腿部线条，非常显瘦、显腿长。

矮个子尽量避免穿圆头黑色马丁靴。它会让矮个子显得个头更矮，尤其是配裙子穿。

高跟鞋，无论是粗的还是细的都能显得腿长，进而拉长身高，使人显得比实际身材更瘦长。

尖头鞋会拉长腿型，在视觉上给腿部线条增加延伸效果。

裸色鞋显瘦显高，深色的鞋子会从视觉上剪短腿的长度。

把头发束起来会显高，矮个子如果盘发一定会比披散长发要显高，露出头颈会显高。

第四章

———

拥有衣橱智慧，
平添生活幸福感

为什么女生总觉得没有衣服穿?

2019 年的微博热点里有这样一条——"女生总没有衣服穿的原因有以下 6 条":

上次和他吃饭穿的就是这件衣服，不能再穿了；

上次自拍穿的就是这件衣服，不能再穿了；

这件衣服昨天刚穿过不能再穿了；

一直穿这个款式的衣服别人会以为我不爱换衣服；

没有衣服搭配我刚买的裤子；

我应该尝试一下其他风格的衣服啊。

我对"女生没有衣服穿"的观点表示认同的理由有四个。

第一，只有衣橱里面的衣服都有特点，才能被记住。

第二，衣橱里面缺少基础款，缺少能和有特点的单品搭配的基础款；只买自己看重的特色款式，没有统一的风格和整体搭配意识；太在意每次购买都是整套的，但每件单品各成体系，单独拿出来都是好看的，可找不到鞋子和它配，找不到裤子和它配……各种找不到，不知道怎么搭；买衣服的时候在色彩和款式上没有整合意识，只有具备这种意识才能用到数学中的"排列组合"概念，演变出无数的新造型！

第三，不会使用配饰，如果会用鞋子、丝巾、首饰、包包等配饰，不同的排列组合会使你的每次造型都大不相同。

第四，也是最重要的一点，那就是找不到自己想穿的那件衣服。衣橱过于拥挤，太满了，找不到自己想穿的衣服，或者衣服堆得太多，懒得找，最后干脆再买一件回来，就这样越买越多。本来可以看哪件和哪件搭配在一起的，但衣橱没有空隙，找都找不到，怎么互相搭配呢？

如今的社会诞生了一个全新的产业——衣橱整理，有衣橱整理师、衣橱规划师还有衣橱整理学校。一个好的衣橱整理师的工资是每小时2000元，他们的工作不是家里的阿姨可以替代的。这2000元里有专业知识，包括色彩、风格、面料方面的知识以及搭配技巧，还有给客户提出的断舍离建议，让她们根据颜色和类别收纳整齐。大家看完这章之后，会发现自己也完全可以做到，而且更有针对性。整理衣橱的过程是对自己过去的复盘，既是整理思路的过程，也是静观的过程，能达到冥想的效果，整理的过程和结果都是很治愈的。何乐而不为呢？当然，如果你时间很紧张，很希望这个工作由别人替你做，也可以聘请衣橱整理师。但即使聘请衣橱整理师，你也是需要花费时间和他沟通的，衣橱整理师清理掉你的衣服也需要征得你的同意，绝对不是付钱后一切就变得井井有条了。

做自己的衣橱整理师

那么，如何着手 DIY 衣橱整理呢？

首先，就是要对不同类型的衣服进行规划，可以对自己穿衣的场合进行量化分析（可以按照一年的天数、小时进行统计）。我的着装场合应该是这样的：

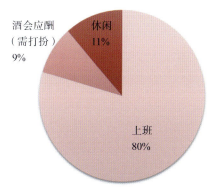

着装场合分配比例

那么，我的衣橱里需要上班穿的衣服占比是最高的，的确也是这样。运动的时间占比虽然大于酒会等需要装扮出门的时间，但运动服装基本是功能性的，不需要穿给别人看，所以在衣橱中的占比可以减少，可以根据是否够穿来取舍。居家服其实也是同样的道理，都不需要考虑在衣橱中的占比。真正需要考虑的是上班、活动、休闲这三类衣服。

这样一来，除运动和居家服之外的三种生活方式的衣服理论占比就出来了。这基本符合目前我的衣橱里面各类衣服的比例。但是出席活动的衣服其实是偏多的，因为活动类衣服都比较有特点，一次穿过之后，要等很久到一个完全不同类型的活动，或者人们不记得我穿过这件衣服之后才能再穿。当然，我用丝巾或者围巾等配饰做修饰之后，同样的一条裙子配不同的丝巾、手包、鞋子，会让别人感觉是不同的装扮。但活动穿的裙子由于有些设计和特点，比较容易被记忆，所以需要的数量与日常上班装比起来理论上比例要略微高一些。而上班的衣服一定要以基本款为主，用基本款可以排列组合出不同的造型。可以根据这个原理调整不同类型衣服的比例，比如休闲服装过多，就设法多精简掉一些，反之上班穿的衣服多了，就精简掉一些重复的、不喜欢的款式。

选择合适的衣橱

审视你的衣橱，看看自己是不是也有以下三个痛点：长衣区的下面堆满了衣服，上面是长衣，下面的衣服基本看不见，也找不到；裤装区基本就是堆货区，没有挂着的裤子；层板区最乱，堆得杂乱无章。

双层衣柜和单层衣柜

　　现在成品衣柜有很多都不太适合自己的需求，层板距离有的会有1米之高，这样抽取中间的衣服，上面的衣服就会塌方了，也无法分类。你可以根据上面对自己生活方式和所需衣服量的分析来规划自己的衣橱，使衣橱适合自己的生活方式。

　　衣橱里面最好用的是挂杆，最好用的挂杆是上下两层的，上面一层挂上衣，下面一层挂裤子和裙子，每层挂杆的层高（含挂杆所需空间）93厘米最合适，因为只是上半身衣服或者下半身衣服所需要的长度。你家里如果有3组衣橱的话，其中一组需要是双层挂杆。衣服收纳的原则是能挂就不叠，方便取用，挂和叠所需的空间基本相同，甚至挂比叠更节省空间，而且更有利于衣服的保护。

　　单层挂杆的衣橱层高 130 厘米（含挂杆所需空间）是合适的尺寸，整个衣橱如果是 180 厘米的话，下面 50 厘米正好是一个层板位置，可以存放其他物品。适合存放长款衣服，比如连衣裙、风衣、大衣等的单层挂衣柜需要有一组，如果你的连衣裙和长款衣服多的话，单层挂杆也是必需的。

　　层板衣橱是放置可以折叠的衣服的衣橱，可根据你的可折叠衣服的数量来确定。可以折叠的衣服包括：卫衣、毛衣、T恤、牛仔。这类衣服通常需要半组，层板最大的忌讳就是做得太宽，每个层板之间的距离保持在 50 厘米以下比较合适，如果距离大于 50 厘米，就需要添置层板或者增加收纳盒，否则隔断太深，衣服摞得太高，常常会倒下来，收拾起来非常费劲。层板式衣柜还可以放置包包，好的包包不用时一定要用内衬纸衬托好，防止被挤压变形。鞋子通常用层板式衣柜收纳，这种鞋柜通常很深，后面可以再放一层，但这样放的话用的时候看不见里面那一层，比较节省层板空间的鞋子收纳办法就是前面一只鞋后面再放一只，这样摆放比较节省层板空间，或者根据层板深度前后错落摆放。

　　如果你的房子是新装修的，或者考虑更换衣柜，我的建议是用平开门衣柜。移门衣柜其实占用的空间更多，因为无论你是否开门它的轨道都会占用一些面积，有点不划算。

衣柜层板高度

　　抽屉型柜子主要存放丝巾、皮带、内衣、袜子、首饰等小件物品。你可以根据自己的生活习惯整理存放这些配件。建议不要用衣柜定制公司来给你做抽屉里面的隔断，因为这样除了价格不便宜之外，木制隔断因为有木板自身厚度，会占用很多空间。建议用宜家出售的各种抽屉隔断来对袜子、内衣、皮带等小衣物进行分类。

　　如果衣柜里面有小抽屉，建议拆除，因为衣柜中空间利用率低的地方就是抽屉，它会占用一个双层柜的下半层，剩余的空间也不好用。最好用的是单独的抽屉柜，这种柜子对于空间的利用也最高。宜家和无印良品都有收纳抽屉，可以根据自己的空间去找合适的尺寸。

建议用抽屉式的收纳盒代替带盖子的收纳箱

　　在整理之前先做好规划，并添置相关收纳用品，比如统一的衣架，建议使用轻薄的衣架，无印良品的铝制衣架很轻便、很细，不占空间，同时需要准备一半的防滑衣架，让毛衣类的衣服领子不会被拉大变形，也不会有衣架撑出来的尖角，对衣服起到很好的保护作用。如果没有抽屉的就增加收纳抽屉（不建议购买带盖子的塑料周转箱，因为很少能用到压在箱子底下的东西，用抽屉式的收纳盒代替收纳箱）、抽屉式鞋盒、鞋架。如果衣柜顶层的过季收纳区域不够的话，可以增加辅助型过季收纳工具，比如床底的收纳盒。准备好折叠工具——硬纸板，量一下层板的宽度，把层板分割成几个等份，一个硬纸板减出一个等份，再剪去周围一厘米，这个硬纸板可以用作折叠卫衣或者 T 恤时的模板。折叠时把衣服三面围住这个模板，再抽出这个模板，这样折叠出的衣物大小是一样的。还有一样东西是必备的，那就是 3M 硅胶密封条。记得小时候妈妈整理衣橱，会用一个盖布把整理后的衣服盖上，但这样在找的时候就看不见里面挂的是什么衣服，还要把那块布掀起来，很麻烦。自从我的衣柜使用了这个门窗硅胶密封条，即使北方那么大的灰尘，衣柜里也没有尘土了。我建议选择 2.5 厘米宽的白色封条。

防滑衣架保护毛衣领子不会变形，肩部不会有衣架撑出来的印记

做好断舍离，享受极简衣橱

极简的衣橱给人幸福感，能提升找衣服的效率，提升空间使用效率，提升幸福感。如果衣橱是满的，你需要放弃大约三分之一的衣物。在衣橱边上放一个大框，或者洗衣篮，把自己确定不

会再穿的衣服扔进去，在床上把衣服分成两堆，一堆是确定要的，另外一堆是不太确定要不要的，等全部整理完，在不太确定要不要的衣服里面再筛选一遍确定不要的衣服，把它们放入确定不要的衣服篮子中，准备处理掉。可以在网上或者支付宝上寻找上门收二手衣服的商家，将这些衣服处理掉。

断舍离的标准有以下几个。

衣橱里的衣服不在于数量而在于质量。如果衣橱里有 30 件不喜欢的衣服，只有 10 件喜欢的，那就只保留那 10 件，没有什么能比让自己打开衣橱看到件件衣服都能让自己能量满满的感觉更开心的了。衣橱满满，抱怨没有衣服穿的感觉会令人抑郁。

注意哪件衣服已经不适合自己了，太小了或者太大了，不要幻想哪天减肥或增重之后再穿；如果 20 多岁穿的衣服，40 岁的时候还在衣橱的话，就要考虑淘汰了，不要因为记忆和情怀去保留这些衣服，方便翻找、空间开阔、井井有条的家居环境才是我们提升幸福感的关键。

买进多少就淘汰多少。如果买进了新的运动装，那就果断淘汰旧的。

长期不穿但购入时花了大价钱的衣服还是扔掉吧，因为每一平方厘米的存储空间都是成本，如果不舍得扔，会让你更没有衣服穿，因为所有衣服都挤在一起，当然找不到自己真正喜欢的衣服。

如果某件衣服处于可扔可留的状态，还是淘汰掉吧，尤其是 2 年内没有穿过的衣服。

找出风格和自己不搭，而且和衣橱里其他衣服风格也不搭，只是当时一时冲动购买的衣服，果断淘汰。

要注意谨慎购入以下衣物：带各种标识的服饰就像外面刷了广告的公共汽车，假名牌包就像假胸一样，无法给你带来安全感。劣质的只能穿一季的衣服，这种投资是最大的浪费，

整理当天，清空衣橱。如果衣橱空间不能完全展示并挂起或者叠放所有衣物，那就把衣物分成两个季节，把不用的那个季节的衣服暂时收纳。随后，将衣服按照类别分类，按照长短分类，再按照颜色分类。

关于衣橱整理的时间和方法，我的经验是整理衣橱的时间可以碎片化，但前提是衣橱已经做过彻底整理及改造，平时做维护性质的整理才可以利用碎片化时间。如果是夏天，我会选择整理平层那一组，把层板上的 T 恤整理一遍；冬天就把毛衣整理一遍，顺手把不穿的衣服整理出来。这种整理每次其实只需要 10 分钟。这对我们来说也没有负担。如果我买了新衣服，一定会把买的这类衣服清理一遍，买多少件新的就清理出多少件旧的，给新衣服腾出空间。出差需要整理要带的衣服时，我也会顺手整理一下衣橱。这样每次只整理一组，其实负担也没有那么重。只要这种衣橱维护方法可持续，你还想做第二次，那就可以坚持这样做。如果一次做伤了，今后再也不想整理了，那就不划算了。当然每个人的习惯不同，有人喜欢一气呵成，整理一整天。这样集中打"歼灭战"非常适合开荒式的衣橱改造加大清理。

每次整理衣橱，我总会给自己一点小小的激励，就是尽量找一个白天有太阳的时候，那时候心情好些，同时把音乐打开，一边听音乐一边整理的效果其实很好，自己也更愿意做。这样的维

护式衣橱整理方式是可持续的。

衣橱整理后，家还是原来的家，但感觉更轻松愉快了。和买买买不同的是，断舍离带给我们的是新生活的开始。

给衣橱添置新衣是一门艺术。要舍得花钱买基础款，基础款就像画布，任你用各种配色及技巧在上面作画；让配件充当时髦元素。

买合体的尺码，不要为了减肥买入不合适的尺码。

买一些不同颜色的衣服，半个衣橱的黑色半裙一定搭不出太不同的造型。虽然要有自己的风格，但要适当放宽标准，不要过于局限在某种场景或者风格中。

高度注意衣橱中衣服的互搭性，坚决不要买那些和其他衣服无法搭配的衣服。我的添置原则是买一件衣服至少可以和两个配件或者另外一件衣服搭配，比如：买一件白衬衣，至少可以和2~3条短裙相配；一件粉红色上衣，至少可以和黑裤子、灰裤子、红裙子等搭配，搭出不同的造型。我绝对不会买一件中式绣花上衣，再想着买一条裙子和它搭配。这样做，等于买很多特点太强烈但没有可配的衣服，到最后还是要淘汰掉。我是暖色皮肤，我的衣橱基本颜色就是大红、粉红、橙色、黄色、芥末黄、绿色，还有黑色、米色、灰色、白色等中性色。这些颜色都可以相互搭配。我绝对不会因为喜欢某个款式而买一件蓝色的衣服，更不会因为蓝色的羽绒服便宜就去买，因为这样放到最后我还是不会穿，这反而是一种浪费。

第五章

发型贡献给
造型的分值超过一半

在所有的装扮中，把发型选好是一切的基础，比穿衣还重要。一个好的发型在整体造型中的权重大于60%。如果选错了发型，衣服穿得再对，都无法补救整体形象。

选择什么样的发型和身高及职业有一定关联。头发长度通常和身高成正比，高个子搭配长发从视觉上很相宜，而矮个子留长发在视觉上会显得比实际身高矮，所以建议留长发的矮个子把长发盘起来，这样能比实际身高显得高。

到底是留直发还是波浪烫发其实和职业有些相关，当然更和脸形直接相关。直发，等同于直线，给人的感觉是自然和知性，比较适合偏理性的工作岗位；波浪烫发，等同于曲线，传递的是浪漫和女性化的感觉。虽然现在多数工作都能接受时尚感、女人味等特征，但有些比较严谨的领域，比如法律、金融等，留直发会显得专业。

但发型的选择主要和脸形相关，下面我重点介绍一下。

找到最适合你的发型，发型能雕刻出不同的脸形

　　一个公认的好发型就是显得脸是鹅蛋形的发型。通常，人的脸型可以划分为 8 种：椭圆形、长方形、方形、圆形、心形、钻石形、三角形、长形。真正需要修饰并减少这种形状特点的脸形有三种：圆形、方形、三角形。对于这 8 种脸形，我们通常都能比较容易地找到自己对应的脸形。

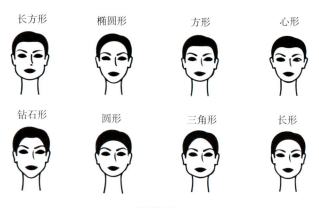

长方形　　椭圆形　　方形　　心形

钻石形　　圆形　　三角形　　长形

脸形的划分

椭圆形脸的发型选择

　　椭圆形脸形是视觉上很和谐的脸形，即所谓的鹅蛋脸。椭圆形脸形的人可以尝试所有发型，没有什么限制。美国女演员布莱克·莱弗利（Blake Lively）就是椭圆形脸，她留的长发和身材正

好搭配，对她来说长发是很好的选择。如果是椭圆形脸的矮个子，选择盘发或者短发会显得高一些。

方形脸的发型选择

美国女演员安吉丽娜·朱莉（Angelina Jolie）就是方形脸。方形脸的人其实需要设法隐藏宽大的下颌，通常有两个办法：一个是避免留和下颌骨齐平的短发，那样会增加下颌的宽度，头发的长度如果和下颌骨不在一个水平线上，别人的注意力就不会在你的下颌上；另一个就是设法用腮红突出颧骨的高度。方形脸和圆形脸的人都不适合剪前刘海儿，避免脸部显得更短，应该在头顶剪出层次增加发量，往高处去拉长脸形。

长方形脸的发型选择

长方形脸和方形脸基本一样，只是比方形脸更长一些。这种脸形的人需要刘海儿，以缩短脸部视觉上的长度，并用柔和的发型（如长波浪）以及柔和的层次来弱化长方形脸的棱角。

圆形脸的发型选择

其实，圆形脸和方形脸很相像，只是从耳朵往下很像一个半圆。圆脸的人应尽量避免剪波波头，波波头会显得脸更圆。圆脸的人也一定不要留刘海儿，这样也会显得脸更短、更圆。相反，把头发剪出层次，同时往外吹造型，这样会增加脸部的棱角。如果头部宽大的话用中缝来分割宽大的额头，能让额头显得窄一些。圆脸的人适合留短发，在头顶剪出蓬松的造型，会把人们的视线拉到头顶蓬松的位置，减少大家对下巴的关注。上面蓬松了，下面相对就会显小了。

心形脸的发型选择

心形脸的代表人物是美国女演员詹妮弗·安妮斯顿（Jennifer Aniston）。心形脸的人最好看的地方是尖尖的下巴，所以心形脸的人适合剪短发，多短都行，头发尽量往里扣着吹，和圆脸正好相反。分侧缝会显得脸长，也能使上半部显得窄一些。

长脸形的发型选择

长脸形的人尽量不露出额头，用刘海儿把额头遮住，从视觉上把脸形缩短；同时尽量增加头发的发量，在视觉上加宽脸形。美国女演员莎拉·杰西卡·帕克（Sarah Jessica Parker）就是这种脸形。她一直都有厚厚的刘海儿。还有一种发型很适合长脸形的人，就是和下颌一样长的波波头，这种发型能显得脸宽。

钻石脸形的发型选择

钻石脸形的人颧骨比较宽，所以要柔化颧骨的棱角。这种脸形的人适合中长且有层次的发型，和下颚相同长度的短发也是不错的选择。

三角脸形的发型选择

三角脸形的人的首要任务是让额头在视觉上显得宽一些，所以三角脸形的人一定要剪短发，让头发有层次感，设法增加发量，增加头顶部位的宽度。

秀发养护点滴

中医理论认为，头发系"血之余""肾其华在发"，与肾、肝、脾、胃都有密切关系。头发受到滋养才不易脱落；脾主运化，疏布水谷精微于毛发；肾气充足是头发健康的根本。头发是人体健康的窗口，亚健康的人头发会暗淡无光，睡眠不好、压力过大都会引起脱发、掉发，所以良好的睡眠是拥有健康秀发的保障。

洗头不要太勤，头皮越洗油脂分泌约多，隔 2 天洗一次头比较合适。

洗头时最好用相对温和无刺激的洗发水。我用过很多洗发水，感觉使用天然的洗发水后头发光泽不错，而且也很蓬松。

很多人需要增加发量，或者在视觉上增加发量，那就可以选择能增加发量的洗发水。另外，用好的吹风机，比如戴森牌的吹风机，就能使头发更蓬松。

尽量少折腾头发，烫发是很伤头发的，能不烫尽量不烫，如果烫发一定要选用有修护作用的洗发水。

不是所有人都适合烫发

很多人选择烫发是因为烫发后能够使头发显得蓬松，或者想制造浪漫迷人的效果。

的确，烫发如果烫得好的话，效果非常迷人，尤其是长波浪，但不是所有人都适合烫发。

那什么人不适合烫发呢？比如以下几类人：发质已经很差的人，建议在短期内先把头发养好再烫；长期染发的人，建议不要全头烫发，可以做局部发根轻烫，主要目的是加强头发的蓬松感，其实要想有蓬松感，可以选择好的发型师，把直发根据脸形剪出层次就能达到这样的效果；细软发质的人不适合长期烫发，细软发质的头发很容易受伤，更不适合做整头细卷烫，这样头发的光泽度会很差，需要很长时间才能养好，细软发质的人如果发量少的话还不适合留长发，长发有垂感，会显得头发比短发的发量更稀少。

适合烫发的发质是硬发质，这类头发烫出来的波浪可以保持很久，而且也不宜受损。

头发颜色与肤色的关系

染发已经被现代人普遍接受了，中年人已经离不开染发，因为他们要遮盖白发。染发产品也需要慎重选择。我之前用过欧莱雅无氨染发产品，这款产品只有美发店有；还有就是海娜粉，海娜粉的颜色只有少数几种，而且染发时间偏长，染后发质干涩，体验不好；使用圣丝婷染发剂感觉很好，上色很容易，而且不会脱色到毛巾上，值得推荐。

染发的颜色选择和我们第二章谈到的皮肤色彩诊断相关。如果是深暖色皮肤，可以选择深棕色、深酒红色等；如果是浅暖色皮肤，可以尝试亚麻色、浅棕色。深冷色皮肤的人可以使用有深蓝色光泽的黑色，浅冷色皮肤的人可以选择偏冷色的深灰色，这个颜色非常前卫，需要慎重使用，某些行业不适用。那些比较个性的颜色，比如奶奶灰色、变色、粉红色等潮色建议留给前卫时尚的人选择。

有些颜色如果和自己的眉毛偏差比较大，建议染发时把眉毛一起染了。

染发后使用的护发产品应该是护色的洗发护发产品，这样能使染发的效果更持久，最理想的是护色和护发功能合一的洗发产品。

"头发要么全白，要么全黑。黑白相间还是留给餐桌上的椒盐吧。"这是法国人常说的，所以花白的头发还是使用某种产品让它保持纯色的感觉吧，这样能传递出更愉悦的视觉信号。

第六章

护肤和化妆——

打造由内到外的光环

想要皮肤好，尽量少折腾

人只有一张脸，护理与否的年龄差能有 10 岁，护肤是一种自律。

皮肤有光泽是健康的标志，给人传递自信阳光信号的一定是有充足睡眠保障、没有黑眼圈的皮肤，这种肤质不可能光靠化妆品就能打造出来，还要靠良好的生活习惯。而比较常见的本末倒置的做法就是熬夜之后用昂贵的面膜去弥补。好的皮肤的确需要管理，注意保养的皮肤一定比不保养的要年轻好几岁。下面，我跟大家分享一下拥有健康皮肤的几个要点。

不熬夜是最健康、最省钱的护肤方法，美人的确是睡出来的。虽然现在有很多产品，比如遮瑕膏等可以遮盖黑眼圈，但自然透亮的肤色是任何化妆品都无法达到的效果。我自己明显感到坚持每晚 10：30 上床一周后的皮肤会达到最佳状态，没有水肿，也没有黑眼圈。

彻底清洁皮肤比使用昂贵的护肤品要重要，如果白天化彩妆，晚上回家要第一时间卸妆，越早越好。清洁皮肤时，卸妆液和泡沫洗面奶一样都不能少。

防晒是抗衰的关键。紫外线是皮肤的大敌，UPF30+ 是我们需要的最低防晒指数。而且不管强度多少的防晒产品，都只有 2 个小时的效果。所以，如果在户外，每 2 个小时就需要补涂防晒产品。

不要折腾自己的皮肤，我经常看到很多女生的皮肤发红，这就是皮肤过敏的征兆，也就是所用的护肤品过度刺激了皮肤。各种功能的护肤品很多都会夸大自己的功效，而且往往会给皮肤造成伤害。护肤品不是越贵越好，温和、滋润、适合自己才最重要。我的建议是可以咨询皮肤科医生自己的皮肤适合什么样的护肤品。比如我的皮肤很敏感、很薄，所有的果酸类产品都不适合我。

我的护肤经验之一就是要用好的眼霜。有些女生不相信眼霜，一直用面霜代替眼霜，这些人的眼部周边一定有很多颗粒，那就是油脂粒，是眼部皮肤没有办法代谢的面霜长期堆积造成的。眼部周边的皮肤很细腻，无法代谢很油腻的面霜，用面霜代替眼霜会造成眼部周边很多问题。虽然有些人也使用眼霜，但是使用面霜的时候往往会涂抹到眼睛周围，这样也容易给眼睛周围的皮肤带来很大的代谢压力，久而久之也会生出油脂粒。眼霜只能用于眼部，一定要揉开来，嘴唇的皮肤结构和眼周相似，所以眼霜也可以用到嘴唇，作为夜间唇膜使用。如果有条件，我建议你尽量购买滋润力强的眼霜。不同年龄的人一定要找对应的面霜和眼霜：20 多岁就用 40 多岁的人用的面霜和眼霜，虽然滋润，但对于皮肤来说太油腻了，会受不了；40 岁以上的人也不要去用过分清淡的面霜，因为达不到滋润的效果。

需要特殊关照的部位是脖子和手背。这两个部位很多人都会忽视，其实它们也需要不同的产品来保养。我建议大家一定要养成滋润脖子和手背的习惯，这两个部位是最先衰老、最先出卖你年龄的地方。到目前为止，我尝试了无数手霜，用了一圈回来，感觉欧舒丹是对手背皮肤最滋润的护手霜。我在办公室、家里卫生间以及包里都备有手霜。洗澡后，一定要用适合脖子的乳液或者身体乳。总之，不能忽略对脖子的保养，精华也要用到脖子上，不能只顾脸。为了滋润皮肤，我一般用好几层产品，尤其是在北方的冬天，要和干燥抗衡，一定要注意补水。一层爽肤水、两层精华，有时再加一层倩碧的黄油，之后再上面霜。我不用日霜，都是晚霜早晚用，这一方面是因为晚霜更滋润，另一方面是因为日霜里面的防晒成分不够，还需要另外加防晒产品，所以用一瓶更简单。面膜最好每天用，可以用泡开的压缩面膜喷上爽肤水和依云矿泉水，这样的面膜效果其实更好，每周可以用1~2个补水面膜加强补水效果。

美容院的项目只有深层洁肤以及补水有用。我有一个开美容院的朋友就说，她们的项目中其实最有用的就是补水和基础护理。其他项目不能说没有作用，但作用都很有限。

高级的化妆是看上去像没有化妆

化彩妆的重点是选对颜色。在第二章里，我分享了冷色皮肤和暖色皮肤的测试方法。这个理论也适用于彩妆颜色的选择。如果是暖色调的皮肤，眼影可以选择咖色、棕红色等暖色；如果是冷色皮肤，眼影可以使用蓝色、紫色等颜色。但如果年龄在 35 岁以上，选择眼影和彩妆时越自然越好，尽量选择和肤色接近的自然色，包括唇彩和口红的颜色。大红和深红色的口红只有晚宴才有机会使用了。

彩妆的重点是让你看上去不是彩色的。我的造型师经常说的一句话就是"真正好的日妆是看上去像没有化过妆"。大部分职场女性都没有化妆的习惯，这点和日本还有欧美有比较大的不同。我猜可能是大家觉得早上时间不够，或者工作压力大，没有时间化妆。其实，淡妆在任何场合都给人很愉悦的感觉，在职场也一样。我曾经接触过一个专门做文眉、文眼线的美容院，它文眉的价格 5 年前大约是 30 万元人民币，据说生意特别好。我当时特别不解为什么要文眉，画一下不就好了吗？据说，它的口号就是"你睡觉的时候和醒着的时候一样好看"，而且不用卸妆和画眉毛。省事儿这个卖点，针对中国市场可能比较管用。这真正验证了一种说法，所有针对人类惰性需求的产品都有市场。但我真不觉得化妆有那么难。我每天早上化妆时间不到 10 分钟，化妆的目的是弥补自己的缺陷，突出自己脸部的优点，让自己比不化妆更平易近人。

化彩妆的要点是自然、自然，再自然

下面，我分享几个化彩妆的要点。

粉底一定要用和自己肤色接近的颜色。我去买粉底时经常要求营业员给我试一个比自己肤色略深一号的粉底液。无论是在北京、上海，还是香港，营业员都会说：人家都是要显白的粉底啊，你怎么会要深的？我用深的粉底是因为这样可以显得我的脸小一点，因为颜色越浅越有扩张感。使用粉底的时候，最大的问题是时间久了粉底就会起皮。所以在使用粉底以前，皮肤需要充分滋润。粉底越厚越容易显得衰老，所以一定要用很薄的粉底液。如果不够薄，那一定要加上滋润乳液，将二者混合后薄薄地打在脸上、脖子上，注意要打均匀。打粉底液时，有人用刷子，有人用海绵，有人用手，这些方法都可以。随后，再用很薄的干粉或者粉饼定妆。如果你只有 5 分钟时间化妆，这一步只需要 1 分钟，而且会使皮肤看上去均匀通透，是必不可少的一步。

如果时间充裕，定妆之前最好用面部轮廓修容棒给脸部做一下造型，用高光把鼻子、下巴和额头点一下，用深颜色的阴影粉在鼻子两侧（脸宽大的在脸颊两侧）加上阴影，随后再用海绵晕开。这样脸部轮廓会有立体感，会显脸小，适合圆脸和方脸的修饰。使用修颜粉也可以达到同样的效果。这个步骤可以留给非初学化妆者。一旦熟练后，这个步骤是半分钟就可以搞定的。

眼影需要选择自然的颜色，中国人选择咖色、红棕色等大地色就很好，因为我们的眼珠是深褐色的。蓝色和绿色眼影对于金发碧眼的盎格鲁·撒克逊人更适合。画眼线是个技术活儿，需要反复练习，掌握后也不难。要点是尽量贴着眼眶画，越接近越自然，眼线不要拉长，眼线太长会显得十分夸张，上眼线可以画得微微上翘。我建议只画上眼线，因为这样眼睛还有往上扬的感觉。涂眼影通常需要 5 分钟。

我通常不画眉毛，但是我的化妆师给我的建议是因为我是国字脸，如果画一条粗粗的弯眉会减少棱角，而且在视觉上会显得脸小。我虽然同意他的说法，但总觉得画眉毛会显得比较假，妆感比较强，不自然。我的建议是除非眉毛真的太淡了，不画就看不出来，否则眉毛还是不画更自然。如果画眉毛 1 分钟也就够了。

口红的颜色越自然越好，除非你是 20 多岁，否则深红色、大红色只适合晚装。我通常选择和唇色很接近的红色。涂口红只需半分钟。

脸上的妆只需要突出你想突出的一个部位。比如我想突出的是眼睛，那么我的其他部位都是衬托眼睛的绿叶，眼睛是红花。但是也有人喜欢突出唇部，那就将眼影和眉毛弱化处理。最可怕的妆是没有任何重点的妆，所有部位都很突出：眉毛、眼睛、红唇、强烈的腮红。那样的妆就成了京剧脸谱。

如果以上每个步骤都做，大约是 8 分钟。但熟能生巧，再节省某些步骤，可以把化妆时间控制在 5 分钟以内。

第七章

居住空间设计

是灵魂折射

室内设计是一个人灵魂的自然反映，没有经过设计的房子就像牢笼。

　　　　　　　　　　　　　　　　　　　　——可可·香奈儿

　　许多人都有被美好的室内设计震撼到的经历，能够触及人感官的室内陈设通常来自一个平衡和谐的居住空间。成功的内装设计可以影响人的感受：通过地面材料的选择，你可以使行走在地板上面发出的声音让人迷恋；你可以让空气里面布满鲜花的馥郁芳香，也可以让空气里面布满由上等皮料散发的醇质老到的沉香；你可以把空间设计成充满自然光线、可以冥想打坐的静谧私宅，也可以通过灯光设计把空间打造成火辣的家庭聚会的性感场所。在室内设计中，用不同的颜色就能创造不同的幸福体验。从心理学上来说，颜色对我们情绪的影响是直接的，颜色可以改变物体的形状、大小和位置，甚至有人说红色能增强食欲。如何让自己居住的空间承载自己独特的灵魂，这的确是值得花费时间去关注和思考的话题，因为它直接影响我们的生活品质乃至生活品位。

　　虽然我们进行室内装修时都用设计师，但如果你知道自己要的空间是什么样的，就更容易和设计师沟通，设计师也更能领会你的意图，从而让设计达到你需要的效果，即使不能做到完美，也至少可以在材料、颜色和风格的选择上做出正确的决定，这些选择要以审美水平和对自己需求的了解为前提。在现实中，对装修效果不满意或者不完全满意的人多于满意的人，其实这不完全是设计师的问题，大部分问题是因为双方在沟通中对于设计语言的理解不同。我觉得大多数人在装修或者家居布置上最容易忽略的一点是各元素之间的关联，这也是造成视觉不美的主要原因。色彩的关联或者呼应、风格的关联，既需要有设计要素的对立，又需要有设计要素的统一。如果能解决这一问题，设计就能提升好几个档次。除了视觉关联度之外，我们国人对于"实用"的要求大过"美学"要求，很多决定都是基于实用原则而完全不关注美学，而美学其实是最实用的，是免费的啊！从美学的角度，我们应该第一时间把包在家电外面、旅行箱的塑料薄膜撕掉，尽情享受产品真实的色彩和完美电镀的光泽，不要再继续忍受裹着塑料薄膜的那种廉价感了。塑料薄膜不会延长产品寿命，只会让我们浪费生命中去享受每一个美好的瞬间。而美好的瞬间是治愈灵魂的良药，是免费的。我曾经在美国新泽西州的一所大房子住过。确切地说这是一所外观很漂亮的北美典型的双体别墅，这当时可是我的理想居所，想着未来和我儿子各占东西两边，能分开又是隔壁，直到发现这是我的一厢情愿。这所双体别墅当时是我工作的中国丝绸公司在美国的员工宿舍，左边是男生的，右边是女生的。我记得我的卧室在二层，三层是其他同事住。当时的厨房是在一层，是2~3家共用，进入厨房需要换一种不会被油粘住的鞋子，而且地上铺的是旧箱子拆开的硬纸板，目的是防止这种防粘的鞋子被油腻粘住。我在这个空间里住了一周，尽自己所有的力气打扫了二层的空间，但实在觉得厨房不是我逗留的一周内可以打扫完的，就放弃了，最终逃离了这个寓所，从此再也没有去过那个地方。这都是20多年前的事情了，想起来仍觉得头皮发麻，说严重了这种体验留下的是心理阴影和负能量，花多少钱都无法弥补。所以无论你在哪里，住在多大的房子里，如果没有对空间的要求，那生活就没有品质可言。品位和金钱没有直接的关联，需要的是一双慧眼及勤劳的双手。

室内布置和装修，能创造的氛围是无限的。室内设计就是这样一种能影响感官的空间设计艺术。有些空间体验让人非常难忘，是因为设计给人留下深刻的印象。这就是我们对一些装修符合自己审美的餐馆、酒店流连忘返、愿意频频光顾的原因。你如果懂得其中的原理，会其中几招，完全可以把这种风格搬到自己家中。室内设计是一种语言，使我们能够创造一个和生活及生活方式相匹配的家庭或工作环境，营造出让自己舒服的氛围，增强我们的幸福感。好的设计规划使空间在各个方面利用率更高，它可以确保使用者在空间活动时，各种需求得到最大满足。

一个精心设计的空间可以让你或感到轻松，或感到身心舒畅，或感到思路条理清晰，能不停地长时间工作。它可以让你感到敬畏，也可以让你感到安全感满满。

美有激励的作用，能鼓舞人，还能治愈人。成功的室内设计就是一种艺术，可以是平实真我的，可以是情绪化的，也可以是令人振奋的。很多室内设计和布置工具都可以表现我们想要的情绪和感官体验。

我工作后搬过 4 次家，每次搬家都会给居住空间做一些改造，甚至不搬家我也会居住几年后重新装修一下，哪怕是重新粉刷一下墙面，也能让自己换一个好心情。每隔半年我就会把客厅的颜色进行更换，圣诞和新年季是红色，6 月开始换成绿色。每次换完颜色，我就感觉像搬了新家一样，能开心好一阵子。

很多人都把装修看成很复杂的事情，其实装修布置可繁可简，居室不动格局仅靠色彩布置就能有很大的改变。美国有一种专门从事房屋出售前布置和展示的职业，叫 stage。一个空房子给这些人，他们就能靠家具、各种装饰品，比如画、沙发靠垫、床品、卫生间的毛巾、花瓶等软饰把家布置得很宜人，这些人被称为装饰师（decorator），有时也被叫作靠垫装饰家，言外之意就是他们靠着靠垫就能把家布置得有艺术品位。在美国，装修不用 decoration 这个词表达。真正动格局、推墙砌墙这种大的装修叫 remodeling，这种活儿是室内设计师做的，室内设计的执照只发给有建筑学背景的设计师，建筑专业是理科生学的，因为那涉及结构、供电、排水等专业领域。而 decorator 是艺术科目，不涉及房屋结构设计。室内设计其实是一个交叉学科。由于对色彩以及生活艺术的酷爱，我于 2015 年在美国室内设计学院学习并拿到了毕业证。上过这个课程之后，我更坚信室内装饰给人带来的美感更直接。也就是说，通过对色彩和风格的整合，居室靠软装达到的效果同样惊人。这部分知识和服装设计有很多相同的内容。

常见的室内设计要素

室内设计要素是我们常用的视觉工具，也是可以改变我们居住空间的要素。在设计世界中，我们需要理解一些语言，这样才能理解设计的特点。下面，我就介绍一下空间、线条、形状、色彩、肌理、光和图案这几个设计概念。

空间

空间，就是我们居住的室内。在改造之前，我们需要问自己一个基本的问题：我们是想要一个安全静谧的体验，还是一个极简的高冷空间？而且，这个空间也取决于我们所拥有的空间的面积、户型、挑高等因素。这个终极效果需要用不同的图片去感受，因为文字常常带有主观性。我常用一个美国网站HOUZZ.COM，里面有各种风格的装修图片，你可以选择现代的，也可以选择传统的，还可以选择法国乡村或英国某个地区风格的图片，因为风格语言的定义在世界各地会有不同的解读和应用。在我们大多数中国人的印象中，法式风格就是凡尔赛宫的金碧辉煌，有很多浮雕和曲线，其实法国人现在使用的装修风格更多是现代简约的；意大利的室内设计几乎都是极简风格，和北欧的简约风格很接近，但由于地处西欧，总会留有一些传统的痕迹。

线条

一个平行线很多的空间会给人带来平静的感受，因为平行线能创造休息、放松、非正式的气氛；相反，纵向线条很多的空间会给人力量、尊严和严肃的感受，会把人的视线往高处引导，适合塑造正式严谨的氛围；斜线会传递动感和指向，太多斜线的空间让人很难休息好，适合健身房，让你停不下来；曲线是优雅的代表，让人充满韵律和柔和的动感，浪漫优雅。总之，这些原则和设计密切相关，比如在客厅周围使用高高的书柜，身在其中的我们会有放松不下来的感觉，会想不停地工作；如果周围都是矮柜和沙发，那自然会有放松感。如果我们以矮柜和桌面家具为主，那整体感受就会平和很多。横向的瓷砖比纵向的瓷砖更能给人以平和、放松的感觉。

形状

形状可以是平面的，也可以是三维的。一个空间里的形状主要由结构以及家具组成。一个法式落地窗或者飘窗、日式的门、繁欧式或者简欧式的门窗、踢脚线、天花角线等都是结构的一部分。形状基本可以决定一个空间的设计边界，这个边界内的空间才是设计师可以布置和改变的视觉空间。所以在做一个空间的装修计划之前，需要把风格和形状规划好，先考虑是需要动结构，还是在结构内做视觉调整。形状需要搭配，也需要差异组合实现平衡。方形类似于直线，给人庄严正式的感觉，如果我们选择直线角线，比如齿状角线，就会给人很正式和严肃的感觉；如果我们选择曲线角线，那传递的就是浪漫的信号。凡尔赛宫的吊顶就充满了曲线设计，家具也多用 S 形家具腿，给人华丽的装饰感。

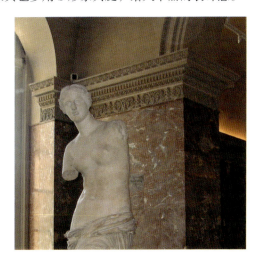

卢浮宫的角线层层叠叠，给人厚重的工匠感，主要使用三种传统角线：彩带芦苇、齿状角线、蛋形和弓箭角线

凡尔赛宫的房顶和角线由各种曲线镶嵌而成，加上金色的修饰，显得华丽生辉

色彩

色彩和形状都会影响我们的感官，但色彩的影响力更直接。如果一个喜欢冷色的人居住在一个暖色的空间里，那他的幸福感不会很高。色彩讲究和谐、呼应、点缀、平衡。这些手段如果都运用到位，那在视觉上就实现了 80% 的愉悦感。色彩的属性在有关色彩的章节中有更多介绍。

肌理

肌理是指所有物体以及纺织品的表面。墙面、天花板、厨柜、卫生间柜子、桌面、布艺纺织品等既可以是光滑的表面，也可以是有肌理感的表面：主题墙面可以选择能制造肌理感的涂料或者涂抹方法，也可以选择有凹凸肌理感的墙纸；窗帘、沙发的布艺也可以选择有肌理感的材质。没有肌理感的光滑表面对于光线的反射会有帮助，能使较小的空间看起来比实际更大，而有肌理感的表面会传递特定的质感，比如主题墙上的颗粒让人觉得有特点和艺术造型感，但有吊顶的房间的天花板如果涂料不平整，光线打上去就会放大劣质的刷墙工艺，这是败笔。窗帘、沙发的布艺如果是色织提花等有肌理的会更有质感，但有肌理的布艺非常吃光，在暗淡的房间里使用会让房间显得拥挤，因为有肌理的布艺和墙面会拉近空间距离从而使房间显得很小。所以，我建议在狭小的空间使用肌理时要慎之义慎，或者减小使用面积和比例。

光

　　布光在装修中是比较复杂的一种设计技能。我们如果自己设计房间的照明，要先对居室的自然采光做一个分析：如果是朝南的房间，通常一整天的自然光照都会比较均匀；如果是西面采光的房间，那么自然光是上午的，是白光，就是暖色。西面采光的房间如果用非常暖的色调，那房间的整体色度就会太暖，但也不能将光线布置得太冷，只有这样色温才可以达到平衡。如果是朝北的房间，需要充分考虑采光的不足。除了房间的方向之外，不同季节房间的采光也是不同的。除了对自然采光的评估，照明光的运用也是需要非常谨慎的一个方面。

　　人造光源的应用几乎无所不能。现在，我们可以选择各种不同色温的冷暖光源，调光开关也可以控制灯光的强度，任何效果的灯光都可以做出来。

　　居室的人造光主要有三个功能。一是功能采光，让空间够亮。二是渲染气氛的灯光，比如吊顶上的柔和光线，一下能让居室空间温馨许多。壁灯也是渲染气氛的，可以在墙上用灯光或者灯罩造型刷出不同的图案形状。这种气氛光通常是反射在墙上的，也叫反射光。三是造型灯光，比如床头后面的背光能强调并烘托床头的线条，用射灯照亮空间里想强化的物品或强调墙面的浮雕、泳池的边缘，也可以用射灯强调空间 C 位的重要物体。西方居室里面比较重要的东西，比如壁炉等装饰物品，都可以用灯光来强调，还可以增加空间的层次感。没有主次的空间是很乏味的，单一光源的空间就像完全没有氛围的盒子，单一的冷光空间就像医院急诊室的走廊，昏暗的单一暖光空间就像电影里刻画的监狱。

图案

有些空间还会利用图案，比如墙纸、布艺、瓷砖等上面的图案，这些图案需要和空间的整体设计协调统一。

室内设计的基本原则

室内设计的基本原则通常有以下几个。

平衡

一个空间内的物体要与门窗等平衡。正式的平衡是对称的，非正式的平衡是不对称的。色彩的平衡和呼应、肌理效果的平衡、形状的平衡，所有设计的平衡都是为了获取和谐的视觉效果。

节奏 / 重复

一个令人感觉舒适的视觉效果是有节奏和相呼应的，空间内的物体是相互关联的。

重点

一个没有重点的空间是没有灵魂的，这个道理就像照片都有 C 位一样。

面积和比例

任何设计都是对面积和比例的拿捏。这些比例看上去是设计师积累的经验和品位喜好，其实都是有章可循的。0.618∶1这一黄金比例就是经过验证的，是一个不会出错的比例，可以从面积上让大多数人感觉舒适。

和谐

一个好的居室设计的终极目的就是创造一个和谐的空间。实现和谐的方法就是要让风格、色彩或者其他设计要素既有对立，又有统一。比如现代和传统的对立，同时又有统一；或者颜色有对比，但在形状和风格上统一。

精确把握空间和比例关系

很多家庭没有什么空间分割概念，只是把房间隔得很多，随后把家具贴墙码放一圈，没有空间设计和规划的概念。这种空间在视觉上是不舒服的，活动区域也是混乱的。我记得我家隔壁的北京公馆开发商最初设计的就是大格局，但一直卖不出去，直到被潘石屹买后隔成小户型，而且是内有很多房间的小户型后才瞬间卖空的。

现在整体的空间设计趋势在欧美国家是越来越开放的，他们希望在一个大的空间里隔出不同的活动区域。比如厨房基本都是打通的开放式，欧美人希望在做饭的时候有和客人交流的机会。而且欧美人平等观念比较强烈，他们非常尊重做饭的人，相信所有吃饭的人都需要分担做饭的工作，如果只有一个人在厨房忙碌，其他人会觉得不好意思，所以厨房都是敞开式的，主客一边做饭一边聊天。用视觉的分割空间的方法取代厚厚的墙壁，就能实现这一点。而在一个封闭的厨房里，如果放一张桌子，桌子到墙的距离至少需要有 90 厘米才能坐得下。而在厨房的另外一边，要想放下餐桌或者早餐吧台，也同样需要有 90 厘米的距离放桌

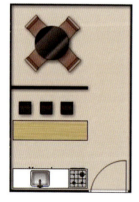

有墙的厨房

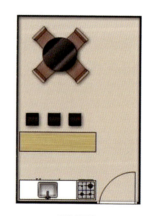

没墙的厨房

子和椅子，但和客厅或餐厅打通后就可以共享这个面积，这样至少能节省 25% 的面积。

这样还可以增加室内的日光照明，从视觉上使空间更广阔。

客厅和餐厅通常也都是相连的，最多用屏风做一个视觉上的隔断，因为墙体本身有厚度，墙越多，占地面积越大。当然，西方人做饭没有油烟，做中餐敞开的话，起油锅时油烟会弥漫到客厅里。但是这两年油烟机的功能有了天翻地覆的变化，在厨房做饭基本没有油烟，所以敞开式的现代大厨房也不是完全无法融入中国人的生活。在中国，90 后也很讲究做事的意义以及体验和感受，我觉得 90 后完全可以接受大空间里面分区域的概念。

各种屏风，比如有轨道的滑动屏风、漂亮的窗帘和独立的折叠屏风都可以用来定义空间，没有必要把所有空间闭合。家具的摆放，比如形成岛形空间，也是从视觉上分割空间的方法，甚至一块地毯就能定义一个空间，比如餐桌下的地毯。打开天窗或者扩大窗户（如果有条件的话）也可以从视觉上扩大空间。所以，一旦有条件扩大窗户、增加采光，就可以考虑使用这个办法。

如果想彻底改造一个空间就需要动结构，这个工程会比较大，要避免动到承重墙。有些厨房柜子如果需要挂到墙上，也需要检测是否是承重墙。有些橱柜是密度板的，非常沉重，如果不是承重墙会有掉下来的危险，所以必须向负责结构的工程负责人了解清楚，如果是介于承重和非承重之间的砖墙，可以使用铁丝网加固的办法，防止吊柜脱落坍塌。

但考虑到环保以及资源的充分利用，如果能不拆墙就尽量不要拆，能使用轻装修完成的工作，就尽量使用不动墙体的方法达到装修目的。

家具摆放很讲究平衡和呼应。一个和鼻子高度差不多的餐桌上的吊灯就能把人的视觉带到这个高度，那么空间内的其他灯饰也需要有同等的高度，这种呼应使视线有一个顺利的过渡，这既是美学的要求，也是现实的功能。比如沙发旁边有一个茶几，茶几上面有台灯，那另一边的落地灯的高度也需要和台灯平齐，这样视觉感觉会比较和谐。

家具需要成组地分区域摆放，这样在视觉上比较舒适，比如客厅的沙发和茶几是一组，餐桌和餐椅是一组。如果厨房是开放式的，那么厨房是一组。在这种有序的空间里，视线能轻易捕捉到设计意图和相应的功能，千万不要把家具沿着墙码放一圈。

家里高柜比较多，空间就会比实际显小，并给人造成一定的压迫感。有人为了节省空间，用顶到天花板的柜子来做储物空间，其实这在视觉上并不划算，会显得空间小很多。视线以下（大约 1.2 米）的物体、家具才不会遮挡视线。

墙上面固定的任何物体在视觉上都与墙是一个整体。也就是说，如果墙上固定了层板或者柜子，都会让人觉得那是墙体的一部分。我曾经在写字台上方固定了 3 个层板，后来再次装修的时候给拆掉了，因为我觉得那三个层板放不了什么东西，还让房间显得窄小了很多。厨房的柜子是没有办法的，因为我们需要储物空间。所以为了加大厨房的视觉空间，最明智的方法就是打通厨房和客厅。

所有通透的物体都会比不通透、实心的家具让空间显得更大。如果空间很小，就尽量使用有玻璃的家具，增加视觉空间。

比如玻璃桌就会比实木桌显得空间更大。

所有复杂的物品，比如有雕刻或者凹凸线条的家具、角线都会让空间显得窄小。我在近期装修的时候就把原先的欧式门都换成了简欧式，线条减少之后，空间的确显得大一些。在一个超小的空间里使用维多利亚风格家具，那是和自己过不去。

在第二章里，我们谈到了色彩的属性，深色有缩短距离的视觉效果，所以在狭小的空间里慎用深色。一件衣服选亮暖色可以增加亲近感和亲和力，但墙壁和人亲近就不一定是好事情了。有一次，我从法国普罗旺斯回来，把卧室的一堵墙漆成了红色，因为在法国住处的红墙，那种温馨浪漫的感觉实在太让我难忘。但第二天我就后悔了，赶紧让刷墙的师傅用白漆把红墙改了回来，因为我突然觉得卧室小了 5 平方米！

普罗旺斯的红墙

能使空间显大的物体就是简约的直线、直角，以及没有装饰的家具。浅色能使空间显得开阔，浅色轻柔的布艺也能带来开阔的视觉效果。所以，白色的纱幔是一个很好用的拓展视觉空间的方法。很多年轻人都愿意逛宜家，就是因为宜家的家具都是典型的北欧风格，简洁、多为直线条，节省空间。当然，在宜家也能选到类似简欧的英法元素的当代风格家具，有些桌子和椅子的腿也有雕刻造型或微微弯曲的造型，这也是为了迎合不同消费者的需求。尤其是在中国，大家对北欧的简约风格的接受度相比英法传统的家具风格还是略低一点。这点我一直特别疑惑，直到有一天悟出了一个道理：中国古典家具设计其实间接受到欧洲文艺复兴的影响，不同于明代家具的简约，清代中国古典家具有深刻的巴洛克甚至是洛可可的烙印。中国清代家具有很多弧线形桌腿、奢华的木雕等很强的装饰风格，而17~18世纪欧洲盛行的就是巴洛克风格家具，这个时期在中国是清代。所以，中国人对西欧17~18世纪的设计风格接受度非常高。

一所大房子往往有不同的入口，这样的房子在设计时需要考虑从不同的入口、不同的角度看到的视觉。也就是说，家具的摆放需要满足不同角度所看到的效果，也需要达到和谐。

在布置灯源的时候，需要考虑到左侧灯光的阅读效果是最舒适的。也就是说，台灯、落地灯或者天花板上的射灯的布置需要考虑到阅读需求，而不仅仅是美观。

茶几或咖啡桌和沙发之间的距离以60厘米为宜，这样坐在沙发上腿会有足够的空间移动，既不会磕碰到自己，也不会离茶几太远够不到上面的东西。室内设计和布置除了满足美的需求外，还需要平衡舒适度，或许舒适度更重要一些。经常使用的沙发区域的布置方法之一就是 L 形或者三人沙发搭配一个风格点缀椅（accent chair），这个风格点缀椅的作用就是强调点缀和平衡。一个简约的布置可以用一个古典的布艺椅子或者单人沙发做点缀，表明一下自己喜欢的风格。但需要考虑到这个椅子的高度不能突然高于其他沙发的高度，比如哥特式的靠背椅很难和低矮的现代沙发相匹配，这种摆放除了视觉效果很奇怪以外，大家坐在一起沟通的时候椅子有高有低也是很令人尴尬的。下图就是我装修的房子的其中一个客厅，大家可以看到当代风格的点缀椅的高度和 L 形沙发的高度是一致的。

风格点缀椅的高度和 L 形沙发相同

一个完全空的空间会比放上家具后显得小一些，但有时你会下意思地夸大自己拥有的空间。我在装修一套房子的时候，就犯了一个至今无法弥补的错误：买了 3 个大沙发——一个三人沙发，一个两人沙发，一个单人沙发，使客厅满满当当，没有多余的分割空间。我当时很后悔没有早点学习室内设计。所以，建议大家不要根据自己看房时候的直觉去购买家具，一定要有平面图，算一下要装修的房子是否真有那么多空间：桌子到墙是否留足了 90 厘米，沙发和茶几之间是否留足了 60 厘米，所有家具的摆放是否有明显的分组区域，或者是否有视觉分割工具把空间做分割。我从 1993 年引进玛丽亚·古琦品牌后就搬了无数次办公室，每次搬家的理由都是办公室工位不够用了。早期的几次搬家，我都会把平面图打印出来，把家具按照比例做成一个一个的小纸条，在平面图上摆来摆去。后来的搬家都由专业的专柜公司出平面图，分割出办公室、会议室和各个工位，这样会一目了然。需要注意的是，现在的室内设计公司良莠不齐，很多设计公司的设计师才刚刚毕业，还没有太多的实际工作经验，出的图纸和实际面积有出入，所以最好自己做一下复核。下面，我给出一个大致的复核清单：

窗子要方便打开，前面没有阻挡；

桌子到墙的距离在 90 厘米以上；

茶几和椅子之间留出 50~60 厘米；

衣橱门方便开关，衣橱前留出至少一个半门到两个门的距离，方便拿取里面的物品；

头不会撞到厨房吊柜上；

窄小的厨房空间里就不要再购买过大的冰箱；

确保空间所有角落有足够的自然照明或者人工照明光源。

运用以上设计原则，检查平面图以及立体三维设计图上所有家具的摆放或者置入是否都方便使用者在空间的移动。任何撞到膝盖或者碰到头的布置都是不愉快的体验，需要避免。使用以上各项原则检查自己的装修计划或者别人给的建议，你会发现其实有很多地方可以改进。

在装修效果图上，检查家具摆放和布局是否分组、是否达到了空间的平衡，以及风格和色彩是否呼应，是否营造了和谐的氛围。

整个布局还需要考虑自己在空间的移动路线，方便自己活动，给自己的生活提供便利，让所有区域的功能符合自己的生活规律和习惯。这点在空间布局上是第一重要的。我去过不少在美国的华人居所，给我的感觉就是他们生活在两种文化习惯中，一方面努力去享受西式生活方式，另一方面也不想丢弃从小养成的中式习惯。有一个朋友到美国时买的是开发商包建、包装修的房子。美国有些地区新建的房子也是先看图选建筑外观风格，再选择室内装修风格，建好后就拎包入住的。到他家吃饭时，我看到在他家的中式圆桌上摆放的是腌笃鲜和雪菜毛豆，正宗本帮菜（当时令在异国他乡的我饱食一顿家乡菜是多么满足）。记得那个圆桌显然是后加的，加在厨房和沙发区域之间，周围的椅子和桌子之间的空间不算大，但也没有特别拥挤。可我也同时看到，正式餐厅里面是美式传统长桌和雕花高背椅子，它们整齐冷清地码放在那里，感觉只有请老外到家里吃饭的时候才能用到，但这种机会估计一年就几次，而且现在美国人的生活方式也越来越休闲，很多时候是在厨房中间的岛桌旁放两把椅子，一边做饭一边吃饭，尤其是早餐，只有正式的晚餐才到餐桌上正儿八经地摆餐垫、刀叉。而且西方人已经接受了圆桌的概念，很多美国家庭都是用圆桌做餐桌，尤其是小户型的房子。一个天天吃中餐的家庭的主人在进行整体布局的时候，需要考虑自己生活的便利，给自己的文化和习惯留出足够的空间。如果当时把餐厅布置成中式的，反而在当地能显现出独特的风格，更能博得美国邻居的欣赏。一个天天拿筷子吃饭的人，未必能在维多利亚式长桌上按照西式习惯摆出传统的西式摆台，欧美人在摆台这件事情上是很讲究的，不如遵循自己的习惯做出中式选择，这样反而更自然得体，就像晚会上中国人穿着中式服装比穿燕尾服和露背长裙更有特色一样。总之，我们要先把自己的习惯照顾好。

保持居室设计风格和调性的统一

居室设计风格应该从三个维度上去理解和解读：颜色色调是冷还是暖，是深还是浅；整体氛围是冷还是暖；风格是现代还是传统。这三个维度都有相应的工具去实现。在设计自己的居住空间之前，必须要问自己这些问题：

我为什么要重新装修，主要对哪些方面不满？

什么颜色能使我快乐？

什么氛围和风格能反映我的灵魂需求？

我需要增加什么功能？

我目前的生活动线是怎样的，新功能需要符合我的什么生活方式？写作、瑜伽、阅读、看电视，还是听音乐？按照优先顺序列出清单，并一一在设计图中找出可实现的方法。

我最喜欢的现有部分需要保留的是什么？

我需要增加储物空间吗？

各个房间和区域的照明是否充足？

色彩是所有装修工具中最有效果的表现形式，一定要用好。深色会显得房间狭小，如果实在喜欢某个颜色可以小面积使用，比如用在主题墙、抱枕、花瓶等装饰物品上，大面积使用彩色有很大风险，因为彩色能使你兴奋，长期的兴奋让你很难得到休息，也会引起你的视觉疲劳。色彩的应用我们在后面还会重点谈到，这里不再展开论述。

暖调房间和酷冷空间的调性差别主要表现在以下几个方面。

暖调房间通常具备这些特点：房间有很多布艺（无论冷色调还是暖色调），暖色或者有图案的窗帘布艺尤其显得温暖；暖光源照明，多种光源组合利用；暖色家具，有很多曲线的家具和摆设；有很多封闭装饰的小空间；有很多配饰，有很多配饰的房间给人暖意，配饰越多，比如抱枕、植物、摆件等，房间越暖。一些开放式的摆设也能使空间变暖，比如开放式书架、能看见酒瓶的吧台、挂了衣帽的衣帽架、厨房里的玻璃门橱柜等，都能使空间变暖。

典型的暖调房间，有丰富的布艺、暖色木家具、多组暖光源，法国乡村风格

这个房间虽然用了冷色，但也是暖调房间，有丰富的布艺、配件和暖光

一个暖调空间能吸音，如果播放大音量的音乐，在暖调空间的效果好于冷调空间。

一个暖调空间能激发人的不同情感，鼓励人进行各种活动，激发人的思考。暖调能使人兴奋，也能给人安全感。如果加上暖色调、深色调，这种感觉会更强烈。

冷调房间通常采用直角，干净利落，没有布艺装饰，极简风格，灯光使用冷光源。

制造冷调房间的工具通常有这样几种：一个非常开阔的空间给人冷调的感觉；直线直角家具具备冷调感；采用单一光源，无论是冷光还是暖光；单一或组合的人造光或自然光都统一照射在主要物体上，制造一种强烈的硬光感；布艺非常平滑，轻薄硬挺，没有垂感，没有彩色搭配，颜色的使用被限制在极简范围内，使用的颜色往往是浅色；家具和摆设都做工精致，摆放精准，家具表面往往有轻微反光，或使用透明玻璃家具；墙面和天

冷调房间效果图

花板都是极其平整的，无任何肌理；储存空间往往是隐藏的，看不到太多的摆设。这些都是令空间变冷的方法。

冷调房间给人的感受是静，适合空间主人做各种静态的活动，比如冥想。在冷调空间里，人们更愿意保持平静和克制，它给人一种仪式感。

第三个定义调性的维度就是风格。美国是一个多元和多文化的国家，在美国的室内设计领域，主流的风格按被大众接受的程度由高到低排列有这几种：当代（contemporary）风格，混搭（eclectic）风格，现代（modern）风格，传统（traditional）风格。现代简约的风格是欧洲室内设计的主流，甚至在意大利也是如此，和北欧简约风格有很多相似的地方，但没有那么性冷淡；传统风格在欧美并不是路易十六的风格，而是一种古典主义的现

传统的美式壁炉

现代风格客厅

代翻版，凡尔赛宫的椅子可能会在欧美家庭里有几件作为调味和点缀，很少有人整屋都摆放巴洛克、洛可可风格的家具，就算是喜欢齐本德尔（Chippendale）风格的家具的人，也就用几把椅子或者几件单品做点缀。当代风格和现代风格之间的界限不是很明显，当代风格也很简约，只是没有现代风格那么多的直线条和白色等浅色调。有些西方人甚至喜欢收藏中国古典家具。我去过一

现代风格餐厅

个美国人的家，家里收藏的都是中国做旧的家具，类似我们在北京潘家园古典家具市场淘来的，他们很喜欢，对他们来说这是异国风情，但沙发他们还是配的意大利皮沙发，给人的整体感觉就是混搭型，是很有品位的风格。

我个人觉得选择室内装修风格不需要刻意，可以随意选择，只要达到和谐、平衡的效果即可。如果你偏好古典风格，那就需要有较大的空间来摆放家具；如果喜欢古典风格但是居室空间不大，建议可以用现代风格和古典风格混搭，多用现代风格，用古典风格作为点缀；如果喜欢浅色系，建议用当代风格。其实，现在各种风格的界限都很模糊，但是色彩的搭配和选择给人的感觉更直接。

多光源运用营造家的氛围

这里必须强调的一点是多光源是唯一能让空间充满氛围的方法，我去过很多人的家，让我感觉不舒服的地方之一就是多数人只会用单一的人造照明灯，在一个长方形的空间中央上方草草地装一个吸顶灯或者吊顶，不管地面上对应光源的物体在哪个位置。总之，学会运用多光源是营造家庭温馨氛围的很实用的装饰手段。

在自然光源装修设计开始之前，需要诊断的内容之一就是对现有光线的判断：自然光是否充足？如果充足的话，采光到底是清澈的东窗晨光、炽热的西窗夕阳，还是和煦均匀的南窗中午阳光？这对于室内色调的布置是一个重要的影响因素。

如果卧室朝东，窗帘就需要有很好的遮光功能，确保太阳光不会将被窝里的你照醒。如果你是喜欢早起的早鸟儿，选择东向房间做卧室再合适不过。而且东向房间的自然采光是白光，可以考虑使用暖一些的颜色来布置，不至于过于冷调。

如果是西向房间就注意不要过度使用暖色，这会使得这个房间在夏天从视觉上感觉过热，因为午后的阳光是红色或者金色的。

对于喜欢蓝色调的人，我建议还是不要购买朝北的户型，因为北窗本来就冷，再用冷色布置，房间温度整体会感觉低了几度。朝北的房间最好使用奶白色的墙，暖色一点的木色家具。如果实在喜欢蓝色，可以选蓝色抱枕、台灯灯罩作为点缀，让整体设计平衡好冷暖。

有些纺织品的抗日晒色牢度不高，尤其是一些天然纤维，如真丝等，最好不要用在西朝向的房间里，尤其不要用来做窗帘，时间久了会被晒褪色。

人造光源创造的效果可以说是无所不能的。人造光源作为功能灯主要作用是：照明（通常是吊灯或者吸顶灯）、烘托氛围（壁灯）和装饰（射灯）。运用好多光源的布灯是很基本的，也是性价比最高的达到装饰效果的方法。很多人在家里待不住，喜欢夜店的氛围、酒吧的调调，就是因为家里的灯光效果太单一、太乏味了。搞清楚自己喜欢的调性，完全可以把家或者家里的局部布置成自己喜欢的氛围。

下面，我就介绍一下一些光源的使用原则。

照明灯的主要任务就是满足照明需求，比如阅读，记住阅读灯完美的照射方向是人体左侧；厨房吊柜下方的灯也是主要照明光，目的是帮助你完成在厨房空间里面的操作。

卤素灯的效果很接近日出时的白光，清澈透明，作为天花板照明，尤其是用在吊顶里面作为反射光最为完美。

氛围灯的主要作用是烘托氛围。天花板上成排的筒灯会反射天花板或者墙上的光线，制造柔和的多光源氛围。装饰灯可以在墙面打出各种造型和阴影，制造各种凹凸装饰效果。人造光对于家具和空间的布置有很大作用，使用好了会有惊人效果。一个完美的灯光设计看不到光源，光源是隐藏的。但明光源，即灯具本身也可以是一件艺术品，比如台灯。在灯光设计完美的空间里，你可以看到墙上或者天花板上一缕缕光刷出的造型，光线可以是直射光，也可以是反射光，比如吊顶里面的光反射到吊顶上，非常柔和，也可以是用灯罩罩住后发出的柔和的光。

装饰灯顾名思义主要作用是装饰，一般来说多使用射灯，在一个较大的空间里，组合式灯源的有机结合使得空间光线层次丰富，能增加温暖感。如果你需要的是一个酷酷的空间，单一的照明灯就够了。装饰灯通常是射灯，照射在某一个需要打光的物体上，或者加强一个雕刻或造型的明暗度。我们常见的是打亮泳池边缘的装饰灯，在欧美常见的是有梁的天花板上的射灯，国内常见的是打在房屋外墙柱子上方的射灯。这种射灯可以在柱子上刷出一道光，加强楼宇外观设计的凹凸感。射在树上的光线也是一种装饰。水晶吊灯是室内比较常见的装饰灯，兼有照明效果。有条件的话，把所有灯光开关都加上调光开关，会有令人惊喜的装饰效果。为了达到完美的装饰效果，同时使用调光开关，可以补充不同强度的自然光，这就是调光开关的实用价值。

光的布置根据情况可以设计在不同高度。天花板上通常是吊顶的光，吊顶的光作用是使屋顶显得更高，让整个空间显得更敞亮；客厅门廊或者水晶灯可以增加房间的华丽感；餐桌上方带灯罩的吊顶如果安装在头部高度，往往会营造出一种私密氛围，客厅地上的灯也可以增加亲密气氛。我的经验就是大多数中国家庭对灯的要求偏实惠，大家大多考虑照明效果，能制造最实际的照明效果的就是吸顶灯，可以照亮整个房间，一个 LED 灯就可以解决全部的照明需求。但是这样会使整个房间显得很平，缺乏氛围。灯除了照明也是空间的装饰品。

灯光设计小贴士

吊灯一定要和地面的某一物体呈镜像对应，比如吊灯和茶几对应，吊灯和餐桌对应，或者吊灯和门廊的地砖对应。所谓的对应就是灯光要照射到这个对应物体的中心点上。

如果需要制造一个温馨的氛围，除了走廊吊灯或水晶灯，也可以用有灯罩的吊灯，使用时注意最低点高度设置为 1.4~1.6 米，也就是与鼻子或者头部的高度持平。这个高度不会撞到头，因为下面对应的桌子、茶几或者吧台不会让你有机会走到吊灯下面。水晶灯的高度需要根据房高、空间大小以及功能具体确定，如果挂在 3 层高的楼梯间，那就需要兼顾 3 层的照明需求。

卫生间镜灯的高度也是在头部为宜，这个高度最有温馨感。

我喜欢在客厅布置暖光，这样氛围会更温暖；在厨房，我喜欢使用白色冷光，这样光线充足，能看清所有的细节，方便厨房操作，还能使厨房显得敞亮。灯光的具体设置可以根据不同需求来确定。而卫生间我采用暖光，中度亮度即可，这样显得更温馨，只要能看清化妆细节就可以。

在空间设计的时候，我们需要考虑所有的电源需求，设计出吊顶、吊灯、筒灯、壁灯、镜灯所需电源接口以及所有的插座预留。

计划好职能照明灯、氛围灯、装饰灯各自的位置和与整体可以平衡搭配的款式，简约的灯基本在什么风格中都适用，复古的灯和传统风格，尤其是传统门窗款式呼应会比较自然，而在现代风格的空间使用水晶吊灯就不合适。

灯光设计的主要目的是照明，在照明的基础上营造氛围和装饰效果，但切忌装饰过度。装饰过度的戏剧化空间拍照效果不错，但是生活的话还是均匀的光线更舒适。过暗的房间像KTV包间，看不清楚物体会影响幸福感；过亮的房间像医院，过冷，没有层次，缺少温馨和舒适度。

下面，我给大家介绍几个最容易实现的基础级灯光配置建议：客厅和餐厅里、茶几和餐桌上方使用吊灯，茶几边桌上用台灯；台灯灯罩颜色注意和靠垫或者窗帘等布艺呼应，或者和主题墙颜色呼应，或者找一个能呼应的元素；卧室主光用吸顶灯，床头柜台灯做阅读灯，注意灯罩和窗帘布艺相呼应；如果卧室比较大，可以根据情况增加落地灯；如果只有一个床头柜，那配一个台灯，另一边用一个落地灯也是没有问题的，现代风格讲的就是不对称；卫生间天花板吊顶内用防水筒灯，灯的数量和亮度可以咨询射灯供应商，他们会按照卫生间面积大小给你建议，水池上方的镜子两侧用镜灯（眼部到头部高度）；厨房使用防水筒灯或者吸顶灯，橱柜下方加光源。

墙面、地面和天花板的表面处理是影响设计的重要因素

我们这里谈到的方法是非结构范畴的墙面和地面的装饰方法。在这个环节，需要考虑墙面是用涂料还是墙纸。这是为了让你避免生活在一个枯燥的盒子里，但也不能有太多图案，这样会显得房间狭小、凌乱，它和空间大小及功能有关。

涂料有很多种类，从非常有肌理感的涂料（现在国内有海藻泥）到非常细腻甚至反光的墙面漆，我们需要根据自己的需要做出合适的选择。涂料还有各种色彩可以选择，记得我们前面说过，深色会使墙面有拉近视觉的作用，如果是一个小空间，就不要考虑彩色或者有肌理的涂料，肌理感也会让空间显得更小，只有光洁和浅色能让空间显得开阔。但是非常细腻、有反光效果的涂料非常考验墙面的平整度，任何不平整的细节在细腻、有反光效果的涂料下都一览无余。如果是墙面不平整的老房子，而且不

确定能够把墙面抹平，最好在涂料上选择有颗粒感的亚光漆。

刷墙工的刷墙技术直接影响墙面质量。如果预算允许，最好找熟练、有经验的刷墙工。现在在装修建材市场上购买涂料都负责刷墙，刷墙的工艺基本是滚轮。其实，最好的工艺应该是用涂料刷，但能掌握好涂料刷并能均匀地刷出平整的效果需要有经验的师傅，最好跟建材商了解一下工人所掌握的技术细节。有些有肌理的涂料需要用特殊的工具，这时需要和涂料商深入讨论所用工具以及其实现的效果。比如十字纹刷法就是一个制造肌理的方法，能制造出很好的亚光墙面效果，如果想设计一面主题墙，把金属色涂料加入普通涂料中混合，并使用十字刷效果，就能制造出漂亮立体的主题墙。

主题墙通常是彩色的、处理更精致的单独的一面墙体。设计主题墙能打破空间的"盒子"效果，增加空间的层次感，但主题墙的颜色需要和空间整体的色系有关联。主题墙一定要有装饰作用，要避免空洞无目的的主题墙，那会显得画蛇添足。通常，主题墙会占据一个居室空间的 C 位，常用的是电视墙、沙发墙、床头墙、壁炉墙等焦点位置。

失败的主题墙策划案例之一就是把自己最喜欢的午夜蓝刷在一个缺少自然照明的房间的最远处的墙上，把这种蓝色和布艺呼应，会使得整个房间更暗。更好的方法是用带有亮光效果的奶油色去刷这面墙，其他墙面则使用近似色来刷，只是涂料使用亚光色，这样这面主题墙就会显得更远，整个房间就会从视觉上开阔起来，也会明亮很多。

主题墙也可以使用墙纸或者墙布，但上面的颜色和图案最好在其他摆设上得到近似的呼应和重复，这样的视觉效果更有节奏感，哪怕一个沙发墩、一个坐垫或者椅子腿都是可以的。

打造主题墙是使房间显得更有氛围、更丰富的方法，是设计墙面可以使用的好工具。它可以让空间更有设计感，更有调性，更有色彩感，从而避免把同样的元素用于整屋，使屋子显得杂乱无序。如果是特别狭小的空间，则不建议使用。

当你做好了色调的选择，决定好使用哪种刷涂料的方法，想好是否需要主题墙及其位置，门框和墙面也都做好了底漆并打磨好之后，就可以开始选择墙面漆的颜色了。

之所以那么多人选择奶油色、浅米色、白色等颜色，就是因为在最早设计的时候没有规划好，而中性色是最不容易出差错的颜色。如果你决定所有墙面都用相同的颜色，一定记住，这些墙面会相互反射从而造成最终显示的颜色效果深于自己当时选择的颜色。这就是为什么很多人看到自己选的浅黄色或者浅绿色刷到墙上之后会那么艳丽，很难相信当时自己选了这些颜色。所以你需要考虑到这个可能，在选择房间墙面颜色的时候降低几个色值，也就是比你在色板上看到的颜色再浅几度。保险起见，要测试选好的颜色是否适合，最直观的测试方法就是买一小桶漆，在相邻的两面墙，就是呈 90 度角的两面墙刷两个大块做测试，如果你对这个颜色满意了，再按照面积购买涂料，让工人大面积刷下去。当然，你还需要想象当整个房间都使用这种颜色，比如浅蓝色，所有的家具摆设都会反射这种颜色。如果在一个朝北和朝东的房间，你可以利用这一特性用暖色，比如浅咖色或者奶油色，大一点的房间可以使用浅橘色，从而使整个空间显得更暖，也可以在朝西和朝南的房间使用灰蓝色或水蓝色，让整个空间显得冷些。这样在夕阳的照耀下，朝西的房间不至于太燥热，这是在热带和亚热带非常有用的方法。除非你有特殊的目的，否则应避免把阴暗的房间刷成蓝色，把采光很好的房间涂成橙色。最漂亮的室内设计恐怕就是雪白的墙壁配上精致的亮白漆刷出的角线和踢脚线的组合了，这是一个最开阔敞亮的搭配。除此之外，现代装修中常用的墙面漆就是灰色配白色的门框和窗框，这种感觉十分现代。我在最近的一次装修中差点就用了这种色彩方案，但最终还是选择了纯白配亮白漆勾边的方案。因为我很怕房间面积显小，光线变暗，光对我来说太重要了。

灰墙配白色包边是当代室内设计的常用手法

－ 墙纸 －

过去，墙纸是用在传统的正式餐厅里的，或者使用在护墙板的上方，在一排排相同的餐椅和长桌空间里，有些图案的墙纸能增加一些有趣的元素，使用餐空间更有故事感。

墙纸的功能是在一个较大的空间里增加图案，让房间元素显得足够丰富。但如果墙纸选不好，或者品质不够好，那它的效果不如墙面漆。使用墙纸时，尤其需要避免的是在不太大的空间里面使用较大图案的墙纸，这样会把空间分割得更小。而且墙纸很容易起翘，使用寿命不长，除非是主题墙，否则，我不建议使用墙纸。

如果是一个狭小无窗的空间，倒是可以使用带景色的墙纸，以弥补空间无视野的缺憾。

– 墙面与家具风格混搭 –

用古玩级别的门、做旧的墙面处理以及窗框去搭配现代风格的家具，这种反差是一个非常精彩的混搭手法。用同时期的古典家具去搭配同时期的墙面风格是一个很华丽的搭配方法，但略显普通，最出彩的搭配方法还是在宫廷式的装饰空间里摆放光滑优雅的现代家具。

– 镜子的作用 –

有镜子的房间显得宽敞，由于能反射自然光，空间会显得更明亮。有小朋友的家庭如果想使用镜子，可以把镜子镶嵌在家具的后面或者上方，比如走廊长凳的后面或者沙发后面，减少镜子被触碰的概率。

使用镜子的方法就是用布艺和镜面做平衡。一个是坚硬的亮面、一个是柔软的布面，平衡两种材质的差别，这样使用镜子会使得空间视觉被放大，同时也使镜子尽量不被碰坏。比如整面墙是镜子，前面是沙发，这样在显得房间敞亮的同时，还能使布艺的柔软反差、平衡镜子的坚硬。还可以充分使用镜子做墙面装饰的空间就是卫生间。卫生间的空间通常有限，把洗手池前的镜子尽可能做大，除了镜子本身的功能之外，还能使卫生间的空间显得比实际大。

把对着窗子的那面墙做成窗子也是一个不错的主意，这样美丽的景色就被复制到了对面墙上。

－ 软包墙面 －

如果追求音响效果，可以对房间采取软包，一些家庭需要非常安静的谈话空间也可以使用软包。软包可以使用各种软包板，把它们镶嵌在墙壁上，风格可以是现代的或者传统的，甚至可以是古代的，来满足空间设计需要。

－ 角线 －

天花板角线和地面踢脚线是一个空间的画龙点睛之笔，不同宽度和雕化风格的角线和踢脚线有不同的效果。在设计时，不能单凭着对踢脚线或者角线的喜好来进行，需要根据空间整体情况来选择。

　　宽的雕花角线很优雅、有戏剧效果，但不适合狭小的空间，会使空间从视觉上变得更小。它的宽窄以及款式需要放到三维效果图中看是否合适。传统的房间里面可以使用角线，但现代简约风格的门窗和墙壁基本不使用角线了。当然踢脚线都要使用，它的作用是保护墙面不被踢到，10厘米高度的简欧踢脚板适合多种装修风格的房间，也可以用4~6厘米没有任何凹凸线条的平板踢脚线，这种细窄踢脚线会更现代简约一些。

　　踢脚线和天花板的设计需要考虑门窗风格，如果是小空间，直接用简约平板式的，门窗风格需要保持一致。如果空间较大，并选择了欧式装修风格，那就需要让角线和踢脚线保持风格一致。如果采用简欧风格，门上的线条减少，那门框也需要搭配略窄的门套。虽然现代风格可以和传统风格混搭，但是有些地方很微妙，需要让风格保持基

黑白调的门和把手以及合页

本和谐。门、门框、门把手、锁、合页是一个统一的整体，是一个空间的点睛之笔，传递着这个空间的调性和情绪，需要事先规划好。如果使用简欧风格，总体视觉是黑白的话，那门把手也可以使用黑色，门的合页也采用黑色，这种视觉效果的一致性能使设计更有节奏感，避免凌乱。当然，如果使用金色的门把手，合页和锁眼也都需要用金色，金色比银色更暖一些。

- 地面 -

无论是硬木地板、大理石地板、还是瓷砖地板，地面是整体装修中预算占比较大的一个项目。无论使用什么材料，一个混合材料的地面会更有针对性，也更有趣。比如一个周围用石材铺装地面和踢脚板的空间里，可以在中间使用和石头颜色相仿的羊毛地毯，这种搭配很有设计感。如果用浅色的踢脚线，墙面用略深的颜色，视觉空间会比实际大。

木地板美妙的地方就是有弹性。有弹性、有脚感的木地板一定是装在龙骨上面的，没有龙骨的木地板并无弹性。有弹性的木地板很适合长期站立，比如厨房使用木地板的话，对于煮饭的人来说会舒服很多。如果你喜欢在家里做运动，有弹性的木地板是很好的选择。木地板也适合跳舞，因为好的木地板就像装在弹簧上一样。

木地板有各种颜色可以选择。如果想制造暖一点的氛围，可以选择红色樱桃木；如果想要酷酷的感觉，黑色也是一种选择。浅色的木地板能使空间显得更大，选择时最好放入效果图中看哪

仿木地板瓷砖上铺块毯以减少地砖的
硬度

种颜色匹配整体色调。如果窗框或者房梁已经是深色，那地板也
需要配深色的；如果椅子腿和沙发腿都是深色的，地面用浅色就
显得不和谐。假设家具都是浅色，比如浅米色、乳白色、亚麻色
等大地色，那地板也可以使用浅色，亚麻色、灰色或米色都可以
使用。

　　砖地也有很多选择，比如天然石材、瓷砖等。石材和瓷砖都
比较硬，但是好打理，没有木地板娇气。我在厨房和卫生间地面
使用了仿木地板的瓷砖，这样比较好打理。至于脚感的问题，我
通过铺上块毯就解决了。

　　花岗岩是最硬的石头，大理石很容易碎，而且沾色后不好处
理，需要打蜡来做保养。如果选用天然石材，样品和实际拿到的
石材可能有色差，需要做好颜色的控制。一个居室内最好不要采

用太多种的石材或者瓷砖，否则会没有统一性，会显得凌乱。

在选择地面材料时，实用性和美观是要兼顾的。

- 天花板 -

天花板的设计应该是地面的镜像。天花板的设计重点在于灯光。在设计时，尽量设计反射光。反射光除了能营造氛围外，还不会直接照射在人的眼睛上。在各个活动区域（餐厅、客厅）的中心和自然分割区域（门廊）的天花板上可以安装吊灯，吊灯下方一定要有对应的可以直接被照射到的物体，比如桌子。灯也是各个活动区域的分隔标志，千万不要在整个房间的中心随便装一个灯，那没有美感。

吊顶四周和中间灯池的反射灯比直接照射要柔和，也不会直射眼睛

为了让反射光能均匀地照射到整个空间，可以在天花板上做一个吊顶，吊顶侧面可以设计照射灯源，这样灯光就可以沿着天花板四周反射顶和墙面两个方向的灯光，增加亮度，并使光线柔和，还可以扩大房间的视觉空间。吊顶是一个不错的天花板设计方法，无论多低的空间都不会因为吊顶感觉压抑或者变矮。只是需要注意，有吊顶和灯带或者灯池的天花板对墙面的平整有着很高的要求。如果天花板没有做平，任何反射光都能让天花板显得坑坑洼洼。如果决定做吊顶，那就需要确保天花板的墙面处理非常平整，涂料也需要涂抹得非常均匀，否则不均匀的表面在光的侧面照射下会很明显。

- 门窗 -

门窗只有在与建筑风格相互呼应的时候才是最美、最和谐的。如果你在装修一所旧房子，想保留门的设计，但是想把窗户换成现代的没有窗台的窗子，那至少要在窗框尺寸或者颜色上和门框保持相关或者一致，这样不至于在风格上不协调。

- 窗饰 -

大部分窗饰都可以定义为房间的装饰，而不仅仅是一个遮光的窗帘，或者白色的百叶窗。百叶窗、屏风、窗帘杆和窗帘盒都是固定的，基本不需要做太多变化，不需要每次装修都做改变。窗帘的选择也需要考虑房间朝向和窗外的景色，比如一个摩登现代的卷帘布艺遮光帘可能无法遮挡东向房间早上射进来的光线。布艺窗帘正在重新流行。窗帘可以是落地的，也可以是简单的，和窗框吻合即可。

窗帘杆的高度是一个视觉关键点，你可以把窗帘杆挂在比窗子略高的墙面，也可以远高于普通窗子，制造出夸张的效果。窗子和窗帘可以比门高，也可以和门一样高。窗帘尺寸可以和窗户一样大小，整个窗帘在窗框内，不一定每个空间都使用夸张的落地窗帘。

- 厨房和卫生间装修 -

厨房和卫生间的装修是整个装修的主要工程，我就曾经在装修时只装修了厨房和卫生间。

通常来说，厨房台面的装修费用占据厨房装修预算的大部分，不锈钢、硬木、天然石材和人造石材树脂表面等材料，都可以定制。硬木台面非常实用，也很卫生。测试证明，细菌在塑料层压板台面上的存活时间比在木质表面上的长。现在人造石材的价格很亲民，材料和天然石材相比没有太大差别，也是不错的选择。

厨房瓷砖的选择是整体色彩的一部分，虽然整体色彩的基调选择非常私人化，但也有一些可以遵循的规则。一个3~7平方米的厨房其实空间并不是很大，如果选择浅色一定比深色在视觉上显大，但是选冷色还是暖色就是个人喜好了。我发现，大部分人都没有注意到一点，那就是越小的砖显得空间越大，越大的砖显得空间越小。而装修的师傅更愿意贴大瓷砖，所以这里是有矛盾

厨房的装修效果图

的，你要是想好了自己要什么，就要坚持自己的意见。

灶台防溅板是一个厨房很点睛的装饰，其作用有点像主题墙，欧美人用的比较多，因为这是为整个空间营造气氛的一个点。防溅板可以发挥的空间很大，有很多材料和颜色可以选择：马赛克、瓷砖、玻璃、不锈钢等。利用好这块面积，可以展示个性，这是个点睛之笔。大部分人嫌麻烦就直接用瓷砖铺整个厨房，不再另外做灶台防溅板了，这也是可以的。

橱柜也是厨房的主要投入。这项预算差异太大。橱柜装修除了款式、颜色和材料的选择之外，还需要和橱柜公司做好尺寸沟通，确保尺寸无误，尤其是柜体高度和深度。橱柜尺寸测量一般在完成厨房墙面、天花和地面砖之后，这样才能确保尺寸的准确，装修时注意预留电源。

厨房电器也需要事先规划好。欧美家庭的厨房比中国家庭多三样电器：洗碗机、烤箱、垃圾处理器。我觉得烤箱不太符合中国人的饮食习惯，我们毕竟不会天天烤肉、烤面包。但是洗碗机绝对是解放劳动力的神器，建议考虑配置。洗碗机需要预留下水和上水，在水盆下面增加上水的三通和下水的三通即可。垃圾处理器是未来厨房的标配，随着垃圾分类的推广，大家对湿垃圾的处置越来越头痛，而垃圾处理器能把厨余垃圾直接打碎冲掉。这两样东西能让生活质量一下提升很多，你会愿意在厨房待上一整天。

卫生间装修需要注意柜子尺寸和水管改道的问题。老式房子的下水管都是在比较尴尬的位置，占据了柜子的大部分空间，使得洗手盆柜子没有什么地方可以装，所以涉及改造下水道的问题。这是个比较让人头疼的工作，需要协调两组师傅，以确保你的洗手盆柜子能准确地嵌入水盆下面。

卫生间的瓷砖选择和厨房相同，砖越小越显得空间大。我如果再次装修，一定会考虑使用或者部分使用马赛克元素。

布艺、装饰、艺术品和配件是品位的写照

室内设计的布艺部分的设计和搭配逻辑与服装、服饰非常相像，沙发与靠枕的关系近似于裙子和包包的关系。在布艺的选择

中如果了解各种材质、色彩以及图案传递的情绪，会对空间设计的正确选择有很大的帮助。

不同的室内装饰材质有不同的调性：皮质传递的信号是男性、意大利复古；丝绸，尤其是缎纹传递的是奢华，因为绸缎有着珍珠般的光泽，这种光泽没有其他的面料可以取代，缎面会反射光线，涤纶虽然能够织出仿真丝缎，但仿真丝缎发出的光泽是人造光泽，棉麻面料传递度假休闲感；有光材质，比如缎面织物可以反射光线、使得空间宽敞；亚光材质、羊毛类织物，如反绒皮、平绒布能吸光，有种低调的奢华感，但会让空间显得狭窄；绒面面料很吸光，比如反绒、丝绒等没有光泽的面料；有肌理的

传统英国印花布艺

法国乡村印花布艺

材质，比如竹编、藤编等都有很强的吸光作用，而且传递出休闲度假和放松的感觉。

领带式循环图案往往具有比较男性的特征，具备优雅和保守调性

不同风格的刺绣代表了特定时期的文化和历史：埃及图腾、法国刺绣、匈牙利十字绣、中国刺绣都诉说着不同时期的故事。如果这些故事你都知道，也能反映居室想表达的氛围，这些都是很好的细节。

不同的印花布艺图案传递的是不同风格的信号，历史上的传统花卉布艺基本都来自英国和法国。

－ 几何图案传递现代简约特征 －

条纹是很简约的图案，在室内装饰领域有着非常重要的地位，经常和其他几何图形或者花卉图案搭配使用。同样是条纹，亚麻条纹和丝绒条纹的效果完全不同，亚麻有度假感，而丝绒有浓浓的复古感。

条纹经常和其他几何图形或者花卉图案一并搭配使用

亚麻有度假指向

丝绒有很强的复古感

- 装饰布艺分为家居布艺和窗帘布艺 -

　　家居布艺需要兼顾美观和手感柔软以及耐用的特性，坐在一个肌理过于粗犷的布料上面会很不舒服。另外，有些布料看着好看但是不耐用，这会影响这类家居产品的使用寿命。面料的牢度主要取决于纤维是否加捻，以及织物表面是否有浮线的组织结构，缎面布料很容易起毛，因为表面有长丝浮线不耐摩擦，沙发表面和椅子软包就不能使用亮面的布料。但靠包对耐磨性要求不高，只要颜色和肌理合适就可以使用。除了耐磨性，在购买布料时还需要问清楚耐光牢度，如果是做西窗的窗帘，西晒的阳光会使很多色牢度不高的布料褪色，颜色越鲜艳的布料色牢度越低。如果沙发也经常被阳光照射的话，扶手很容易被晒褪色。选择沙发布艺还需要考虑耐脏度，很多布料都做过表面抗污处理，基本油渍、污渍都能擦掉，这些注意事项需要在购买布料的时候和供货商商量好。窗帘及沙发罩布料是否可洗也是需要考虑的，如果只是干洗，那样成本会非常昂贵。除此之外，窗帘的选择需要考虑遮光性，这是良好睡眠的保障。

地面装饰品地毯、块毯是地面的"衣服"，它们的主要功能是分割空间中的各个小空间、防滑，同时还能吸音。有地面装饰的房间会比没有地面装饰的房间显得更暖调。如果是昂贵的地毯，需要考虑它的耐磨度和日晒牢度，其他非昂贵地毯主要考虑花色和整体视觉的配合。

- 床品布艺 -

床品还是以纯棉为上品。棉布的品质以埃及长绒棉为极品，其他棉布的品质主要以支数来鉴别，支数越高棉布越细腻，支数越高价格也越贵，支数高的棉越洗越舒服，越用越好。除了支数

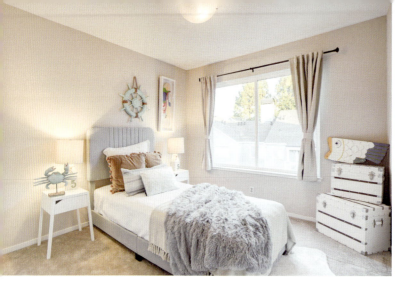

床品布艺效果图

之外，床品布艺的选择也看织物结构，用于床品的常用棉布是棉贡缎、提花布以及平纹棉布。棉贡缎是滑爽的棉布，高纱支棉布用平纹织出来的效果会非常柔软，五星级酒店使用的床品通常是贡缎。提花棉布就是那种看上去有凹凸感的布料，常见的就是大马士革图案的提花床品，这种布料质感很好，虽然滑爽度不如贡缎，但比较厚重，在寒冷地区更受欢迎。

从外观上看，床品同样也分为素色、印花，印花又分成花卉和几何图形。花色和颜色的搭配需要根据主色调统一协调，后面我们会重点讲。

– 篮子与草编元素在室内设计中的运用 –

篮子或者类似的编制物品是室内设计中的必备元素，放在相应的陈列点上给人一种放松的休闲感，即使在非常正式冷调的空间里，篮子的点缀也能起到非常好的平衡作用，同时篮子还有很好的雕塑效果和储藏收纳的实际功效。

篮子和草编类物品在空间中有休闲放松和雕塑效果

- 沙发毯子 -

　　沙发毯子的用途是看电视的时候或者在沙发上午休的时候能盖一下，但平时更多是一个装饰品，和靠垫及抱枕一样，是一个非常好用的配色工具。羊毛质地的沙发毯有很好的吸音作用，能给空间增加更多的质感和肌理效果。除了羊毛之外，羊绒和羊驼绒的质感也是非常柔软、非常细腻的，用于沙发毯是一种奢华的点缀。

- 常用的室内布艺材质 -

　　棉是室内布艺使用最广泛的一种材质，从床品到窗帘、沙发、沙发巾、靠垫等，有各种厚度、各种织物纹理、各种颜色，是最好用的布艺材质。但是棉的耐磨度不高，很容易磨破，色牢

天然纤维，如羊毛、羊绒、桑蚕丝、亚麻、棉都是布艺极品材料

度也不高，很容易被晒褪色或者洗褪色。现代工业已经用聚酯或者其他纤维和棉布混纺弥补了棉布的这点不足，所以可以把棉布作为内装材料大胆使用。但棉成分高于50%的材质手感好于棉成分低于50%的面和化纤混纺布料。棉和天然纤维、羊毛、真丝混纺后，手感会更好。

亚麻也是常被使用的材质，但是亚麻的种类繁多，处理不好手感会非常硬。

天然纤维，如羊毛、羊绒、桑蚕丝、亚麻、棉都是布艺极品。如今，已经有很多超细纤维能仿制出各种天然纤维的纤维效果：仿麻质、仿羊绒、仿棉的耐磨牢度都强于天然纤维，是不错的替代品。但这些材质的使用也要看具体情况，如果是床品，涤纶磨毛的被套床单虽然手感很像棉，但因为表面做了起绒处理，其通气性、吸汗性还是和纯棉有很大差别。贴皮肤的面料还是建议选用天然柔软特性的纤维，比如高纱支的纯棉布。

－ 家具和艺术品 －

家具、艺术品和装饰物是室内设计锦上添花的部分，能唤起我们的情感、回忆以及联想，居室中的配件也有同样的作用。在整个家装工程中，最可见的、最影响空间氛围和调性的部分是家具、配饰、艺术品以及摆件。

家具又分为软包家具和硬家具，每件家具虽不见得需要和空间匹配，但需要看上去摆在那里是对的，这也是需要一些眼光的，当然也有一定的规律可循。

在家具的选择上，其实不必过多考虑它们都出自哪个年代，只要相互搭配和谐就可以。作为空间的主人，在选择家具的时候，你可以集中选择某一个时期的家具，也可以选择相同风格的家具，这完全取决于你想传递何种信息、制造何种调性。选择混搭的家具要注意形状、比例、颜色和纹理的不同，需要熟悉不同类型的装饰图案、木材和饰面及其各种特性：硬木更耐用，更珍贵，但是更重；一些较软的木材，如优质松木，对任何类型的家具都非常有用，包括桌面。软木价值虽然不高，但容易打理，也轻便，方便移动。值得说明的是，新家具使用老家具的元素是一种不错的选择，但是完全仿制的老家具就是没有生命力的，死气沉沉。我看到电视上有很多明星代言红木家具，便宜到只有几折就能卖，那些家具真的就是毫无生机的。其实，那些红木做成现代简约的桌面是多么棒的材料啊，做成改良的现代中式圈椅也是不错的主意。

欧美主要家具风格简介

- 家具风格种类 -

我们如今所说的家具风格主要是指传统风格和摩登现代风格两种。传统风格家具为当代乃至现代风格家具奠定了基础。了解传统家具的风格特点在选择家具时能在家具的历史背景方面提供一些参考。我们不必将同一时期的家具用于整屋，但至少要知道每件家具的年代以及主要风格，这样在组合布置和摆放它们的时候才更有底气，才能更好地欣赏那个时期的工艺特点甚至人文历史，给我们的想象力留白。这就是品位。

- 美国传统家具风格清单 -

几个世纪以来，家具就是区分财富和奢华程度的一个符号，从 17 世纪的雅各布时代设计一直到 20 世纪的斯堪的纳维亚当代设计，都不同程度地留下了传统家具的烙印。

雅各布时代（Jacobean，1600—1690 年）的家具是英国文艺复兴早期的产物，其特点是深色、重雕、直线。

具有雅各布时代（1600—1690 年）风格的古董家具

威廉玛丽（Willian and Mary，1690—1735 年）风格家具在 17 世纪后期到 18 世纪早期非常流行，家具风格受到荷兰和中国家具风格的影响。其主要特征是棒槌式腿和东方的雕漆工艺。

安娜女王（Queen Anne，1700—1755 年）风格从英格兰威廉三世国王时期开始流行。这一时期的家具特点是弯曲的桌椅腿，稍稍后倾的椅背。其典型的柜体拉手是蝙蝠形状的。

具有威廉玛丽（1690—1735 年）风格的古董家具

具有安娜女王时期（1700—1755 年）风格的古董家具

宾州荷兰（Pennsylvania Dutch，1720—1830 年）风格是美国风格和德国风格的混合体，是一种非常简洁的实用风格，色彩丰富，富有民族特色。这种风格是德国移民在美国宾州落户时带来的。当时，这些德国人来到美国宾夕法尼亚时称自己是Deutsche（德国）人，而美国人听成了Dutch（荷兰）人，他们由此变成了"宾州荷兰人"。

路易十六（1760—1789 年）时期的家具是为玛丽·安图奈特（Marie Antoinette）王后——法国最后的王后，在法国大革命时期设计的。这时期的家具受新古典主义设计风格和希腊罗马风格的影响，多为直线条的经典图案，比如长笛图案和华丽的木雕。凡尔赛宫大部分家具的风格都是那个时期的。这个时期的家具对当代家具风格的影响非常深远。无论是欧美还是亚洲，喜欢路易十六家具风格的大有人在。我们现在所说的西方古典家具，基本上就是指的这个时期的家具。这个时期对应的是中国清朝乾隆时代。

具有路易十六时期（1760—1789 年）风格的古董家具

齐本德尔（Chippendale，1750—1790年）设计风格家具是英国人托马斯·齐本德尔所创的，有着优雅的轮廓、哥特式图形和大量洛可可雕刻，受法国玛丽·安图奈特时期路易十六风格的影响。有人还说，他的设计风格受了中国家具的影响。其家具风格特征是弯曲的腿、爪子脚，高柜上镶嵌一个断开的三角形楣饰。这个时期的家具比路易十六时期的家具要秀气和简洁一些。这个时期的家具风格在欧美有着深远的影响，现在纽约的一些酒店还保留着齐本德尔的家居风格。

赫普怀特（Hepplewhite，1765—1800年）式家具以伦敦设

具有齐本德尔（1750—1790年）风格的古董家具

具有赫普怀特（1765—1800年）风格的古董家具

计师乔治·赫普怀特的名字命名。他的家具早期在美国很受欢迎，深受新古典主义影响，家具更简洁、更精致秀气，其典型特征为：锥形细长腿、饰面板嵌入，好像是桃花心木的人造版本。

喜来登（Sheraton，1780—1820年）风格家具是以英国家具设计师乔治·喜来登的名字命名的。他生活的时期和赫普怀特相重合。当时，他设计的家具算是非常简洁现代的了，直腿或者弯腿，直线条居多，反差大的饰面板很像桃花木。

联邦风格（Federal，1780—1820年）家具指的是同时具有赫普怀特风格和喜来登风格的家具。这两种风格很相近，很优雅，都用反差明显的饰面板，具有新古典主义的特点。

美国帝国时代（American Empire，1800—1840年）的家具受法国影响较

具有喜来登（1780—1820年）风格的古董家具

大，在 19 世纪后期盛行于美国，其风格特征是古典装饰、雕刻和深色处理，比以往的风格简洁一些，有很多现代特征，比较粗犷厚重。

维多利亚风格（Victorian，1840—1910 年）是以英国女王维多利亚的名字命名的，"维多利亚"是整个工业革命时代的名词，有维多利亚建筑、维多利亚时尚（束腰、泡泡袖）等。维多利亚家具风格既有哥特风格特点，也有很多浪漫的元素，比如布艺家具、叶子花卉木雕等。可以说，那个时期的木雕是重雕，复杂程度胜过以往的任何时期，椅子背有典型的勺型特征。维多利亚风格的家具多使用核桃木、紫檀、桃花木等贵重硬木，并做深色处理。这种风格的家具能给家居空间带来

具有维多利亚（1840—1910 年）风格的古董家具

极大程度的优雅和品位，有几件作为点缀是镇宅的好选择。

艺术工匠期（Arts and Craft，1880—1910 年）的家具风格受艺术家威廉·毛里斯的影响，也是艺术革命时期的产物。这个时期的家具风格和维多利亚式家具有天壤之别，雕花都不见了，讲究简单实用。

斯堪的纳维亚现代风格（Scandinavian Contemporary，1930—1950 年）流行于 20 世纪 30 年代，至今仍是主流的当代家具风格

之一。其主要特征是简约实用，常用橡木、桃花心木、松木和柚木等材质，而且多用原木。由于不经过工业化的表面处理，这种家具更自然环保。

- 不同风格家具分类 -

几个世纪以来，相比传统家具风格，现代家具已经从华丽、经典的外观转向现代家具风格，模糊了艺术性和功能性之间的界限。

虽然大多数人用"当代"（contemporary）或"现代"（modern）来形容当今的家具风格，但这两个词实际上是在描述两种不同的设计风格。正如你将在下面的介绍中看到的，"当代"和"现代"实际上是不同的设计类型。

古董家具

如果你喜欢我们上面介绍的传统家具中的任何一种风格，可能会喜欢古董家具。这些家具至少要有 100 年的历史。它们通常是由硬木制成，有独特的、华丽的细节，很容易追溯到它的年代。

传统家具

传统家具是指那些融合了安娜女王、齐本德尔和喜来登风格的最佳特点的家具，其典型特点是优雅的装饰、挺直的线条和锥形的腿。

复古家具

复古家具风格捕捉了某个时代的最佳细节。这类家具比古董家具的年限短，可能有几十年的历史。复古风格的家具通常是旧家具。

乡村风格家具

乡村风格家具给家带来温暖和舒适感。这种风格的家具通常用无表面处理的天然原木或其他天然材料制成，包括皮革、棉布和亚麻布元素。这种风格是度假小屋理想的家居风格，能使人轻松自在，不需要担心划坏精致的硬木家具的表面，或者碰坏贵重的木雕，这类家具经得起各种"造"。

美式家具

美式家具是一个广义概念，是用现代理念对传统家具进行再造，看起来很现代，但也能看到某个传统时期的影子。这种风格在当今美国很流行。这类风格家具的特点是：具有独特纹理和令人惊叹的饰面的实木家具；金属包边、石材和皮革融合了丰富的元素和质朴的气息。有巴塞特外观，被称为"美国工匠"，有独特的、手工制作的感觉。

美式设计介于传统和当代之间

装饰艺术风格家具

以几何和棱角形状为特征的装饰艺术设计将时髦的图案与电镀、玻璃和镜子等材料结合在一起。

电镀、玻璃和镜子等材料结合在一起的风格被称为装饰艺术

怀旧风格家具

　　有人可能认为怀旧和复古是相似的，但其实怀旧家具的特点是一方面模仿过去的潮流，另一方面也更具现代的设计。也就是说，怀旧家具都是新家具，复古家具是旧家具。

现代风格家具

　　现代风格产生于 20 世纪初的现代主义运动。它的辨识特征是用清一色的纯色，材料多用铁艺、树脂、皮革和塑料等当代工

不同时期旧家具的混搭，只要
颜色合适视觉就是和谐的

业化材料。

轻松现代风格家具

这种外观具有极简主义特征和轻松风格的家具是一种复合型氛围家具。和现代风格家具不同的是，这种风格的家具更能照顾到人体：光滑的轮廓与深毛绒座椅搭配，香槟黄铜、拉丝镍等金属与橡木饰面搭配。

当代风格家具

当代风格是当今最主流的家具风格，介于现代和传统之间、偏现代、多采用直线，但同时带有少量传统元素，比如曲线和装饰线条。

除了不同年代和不同风格的家具可以混搭以外，不同新旧程度的家具也可以混搭。除非你对特定时期有独特的感情，否则新旧家具混搭是很好的选择，只是需要注意形状一致，比如圆角配圆角，尖角配尖角，颜色基本一致即可。用现代家具和几件古董家具或做旧家具混搭，是很好的办法。在现代简约的线条中，有几件做点缀的旧家具，是非常有品位的。

床和椅子是特殊的家具，复制品比较常见，使用仿旧的法式雕花床就不会显得死气沉沉，和布艺搭配好是很浪漫温馨的，仿旧的椅子接受度也比较高。

仿旧的法式床和椅子搭配

    如果使用古董家具搭配现代风格的工业化生产的家具，能整体提升家具质感，可以尝试一下。在这里要说明一下，极简主义的现代家具不仅仅是北欧的，意大利的现代家具也都是极简主义风格的，意大利的极简主义从 19 世纪就开始了。我认为如果满屋子都是古董家具，那氛围太死气沉沉了。我有些朋友专门收藏古董家具，家里藏有很多名贵的黄花梨和紫檀家具。我在这些朋友家里除了感受到他们有很多钱外，并没有感受到在一个设计过的空间里的那种被感染和心动的幸福感。

    总之，一个空间里面有几件镇宅的古董家具或者硬木桌子，整个空间的品位能瞬间提升。

    低矮的长桌子让人想起东方风格；低矮的 L 形座位前的小圆桌让人想起摩洛哥风格；巨大的雕花椅子，精致的面料软包和高边桌，是欧洲以及 18 世纪至 19 世纪拉丁美洲的风格。除了中式的老家具，有人还专门收集西洋古董，西洋古董家具在上海就很有市场，在上海图书馆一带的弄堂里就能遇到这些古董家具。当然，家具必须要有实用价值，然后再作为烘托气氛的点缀，二者缺一不可。精致的古旧或者古董家具在现代氛围的空间中会显得更清新，仿佛给现代空间注入了活力。混搭差别大的家具效果更出彩，比如英美乡村风的古董家具和现代感的门窗、墙面搭配就很合适，古典的油画在现代空间中同样出彩。

整个空间里只能有几个重点，重点过多反而会没有重点。

负空间和正空间同样重要。现在常用的负空间就是灰色的墙壁，可以用白色的门框和白色的家具去修饰灰色。这种方法在现代室内设计中非常常用。

– 家具测量 –

为了不出差错，家具需要测量两次，而且要留出几厘米的余量，千万不要满打满算，那样出错的概率比较大。做带比例的平面图是一个很好的办法，避免出差错。家具的尺寸需要符合空间大小，在一个较小的空间里放置一个巨大的桌子肯定不是一个好主意，哪怕这个桌子是别人送的，不合适的东西还不如没有。就像衣服需要断舍离一样，家具也要不断地断舍离。

－ 常见家具的选择 －

沙发

　　沙发需要根据自己的生活方式选择。如果经常招待客人，客厅中沙发的利用率更高，那就需要有更多的沙发位。三人沙发上很少会坐三个人，除非是家人或者很亲密的朋友；两人沙发也很少坐上两个人，除非是很多人的聚会。所以，在沙发对面加椅子是一种不错的增加座位的方法。当然，椅子高度要和沙发差不多，否则交流的时候，坐在不同高度的人会觉得不舒服。

　　沙发面料的选择也是很重要的。皮质沙发在气候温和的地区比较受欢迎，在寒冷和炎热地区会使人望而却步，尤其是在寒冷地区，人们没有理由在一个冰冷的巨大皮沙发上瑟瑟发抖。皮质沙发可以选择人造皮革的，这种材质种类很多，持久耐用，有再生皮等可供选择，甚至皮反绒的材质也有人造的，选择范围很广。皮面沙发的视觉感觉比较冷调。寒冷地带更适宜选择绒面、反绒面、丝绒甚至羊毛类面料的沙发。亚麻材质的沙发适合所有气候类型。在寒冷地区，麻质沙发只需要换上绒面或者羊皮面的靠背就会增加很多温暖感。沙发面料的纹理和肌理在视觉上有不同的指向，手感上的不同使得不同肌理的面料在不同的空间里给人不同的感受。

　　选择沙发时还需要注意沙发腿的颜色。有的沙发有腿，有的沙发没有。炭灰色沙发腿在白色地面上和在黑色地面上的感觉完全不同，浅色的地面能衬出沙发腿的细节，而深色的地面就没有

这样的效果。此外，还需要考虑所有家具腿的颜色是否基本保持
一致。

深色地面对沙发腿的影响

浅色地面对沙发腿的影响

餐桌

　　餐桌通常是整屋最好的木制家具，也应该是做工最精致的一
件家具，而椅子和边桌等桌子周边的家具则需要展示工艺。当
今，配套家具就像穿套装一样不合时宜，配套家具的确省事，但
缺乏变化和戏剧效果。

当代餐桌区域讲究颜色调性的一致，而材质和工艺可以完全不同，餐桌以硬木最为讲究，餐椅可以是相同颜色或两组不同颜色。

茶几

低矮的咖啡桌、茶几会让人觉得放松。如果茶几比沙发还低，对面坐着的两个人很有可能会把脚翘到茶几上，因为这样的摆设让人觉得太放松了。如果要把环境布置得更正式，可以选择高背的椅子、高一些的桌子，茶几也可以高一些；布艺需要用手感硬挺些、薄一些、平纹无肌理效果的；沙发选择外形更方些的，因为棱角可以制造正式的氛围，这种氛围鼓励人们交谈，但有点像在办公室。要想营造一个轻松的空间，还是选择矮的、布艺纹理多、图案多的、形状不那么规则的沙发比较好，这和穿衣搭配的原理是如出一辙的。

走廊、门厅家具

走廊和门厅里的家具摆放定义了整个空间的调性，因为门厅是进门的第一感觉。靠门口的区域是一个定调的空间，是整体空间的门脸。

这个门厅有温暖度假调性，定义了里面空间的风格

屏风

屏风是分割空间很好的工具，能增加空间的维度，给空间增加能量和戏剧效果，其作用和墙面挂画有一些类似，可以在较大空间里使用。

屏风是分割空间很好的工具

– 墙面装饰 –

　　大部分人对于挂画的高度是没有概念的，不是挂得太高，就是随便举过头顶往墙上一挂，其实这么做是不对的。这就是为什么很多人家里要么家徒四壁，要么挂得像学校的大礼堂，没有氛围。

　　除了挂的高度，挂画内容的选择也是很重要的。我发现室内设计是否用心的最大区别就是是否能将相关元素关联起来。大部分空间的元素之所以没有关联，就是因为设计者没有关注到它们之间的关联性，所有元素都是独立的，没有呼应。这样空间就会显得杂乱。在墙饰方面，没有关联通常指颜色、风格没有关联，这是设计墙饰最大的误区。

画框可以斜靠在墙上

因此，在进行墙面装饰时，重点有两个。

第一是挂画高度。挂画的中心点离地 1.5 米是比较合适的，如果是一组画或者是照片墙，那么这组画的中心点在 1.5 米的高度是比较合适的，这种高度会让人感觉比较温馨，而且让大部分人站立时保持平视。有些艺术品直接倚靠在墙上或者矮柜上也是不错的方式，显得非常随性和艺术，尤其在 loft 式的公寓里更合适。但特别高的空间或者壁炉上方的空间除外。

第二是关联性，要在色彩上实现呼应，而大部分人都忽略了这一点。后面讲到色彩时，我们会深入讲色彩的呼应。

挂画要注意色彩的呼应

挂画可以在沙发上方，除了注意中心点和视线齐平并略矮 10 厘米外，还需要注意不要超出沙发三分之二的宽度，避免头重脚轻。

餐桌旁边也可以挂画，可以挂些和食物相关的画，或者颜色丰富的画。此外，床头、走廊都是可以挂的。

　　挂画还有一个问题，就是挂什么内容的画，不是每个家庭都

有能力收藏名画的。建议可以收集一些自己喜欢的海报、杂志，镶嵌在不同宽度和材质的相框里。有纪念意义的都可以装裱到相框里，比如家人在不同时期、不同地点拍的照片等，积攒多了就可以挂到墙上，更有意义，比硬着头皮去买艳俗的装饰画要好很多。自己买个画框用刷子刷个色块挂在墙上都比买装饰画要有品位得多。关于相框的材质、宽度等，其实大可不必纠结，可以以黑色细边为主，也可以是金色的，宽边镀金的都可以，但有装饰线条的画框要少用，最多混搭一个小的就够了，不要过度装饰。

- 摆件 -

　　家里或多或少都会有不同的摆件，我就收藏了很多蜡烛台、茶壶等装饰物。这些东西都是我旅行的时候买回来的。在摆放的时候，尽量把相同的摆件分组摆放，比方红色的蜡烛台放在一起，玻璃的放在一起，这样一组一组地摆放在视觉上比较有节奏感。一组小的摆件可以从视觉上代替一个大的摆件。

　　不要忽略绿植和花卉在空间里的作用，有时绿植的作用胜过花卉。宽叶绿植比较适合搭配现代风格皮沙发，同时也具有热带植物的特点；玫瑰和现代风格不搭，更适合精致或者古典风格的空间；小叶的绿植有着小清新的风格，适合搭配北欧风格的简约家具。一个装满蜜瓜和柚子的大碗更适合空旷、现代、简约的环境。在厨房的桌面上摆放水果是令人愉悦的事情。同样，在客厅

红色的蜡烛台组合在一起

　　的茶几上放上水果也是令人愉快的。如果水果的颜色正好可以和周围的物品相搭配，那就是锦上添花了。

　　　　这些摆件是完成家居装饰的最后步骤。

室内色彩让你拥有好心情

　　　　布艺之于空间就像我们身上穿的衣服，最需要考虑的就是整体色调。那么，房间的"衣服"——窗帘、沙发、靠垫、地毯的颜色如何配合呢？

一般来说，在整体设计的时候就应该有色彩整合的概念，而大部分人在想结构的时候完全不知道自己内心真正想要的床品、窗帘、沙发和靠垫是什么颜色的。那些擅长做结构设计的室内设计师，跟你讨论的重点往往是打通哪一堵墙，在卫生间是装浴缸还是装淋浴。另外，室内设计师都不愿意考虑布艺窗帘，他们更多考虑的是结构，至于窗子嘛，做完了再说，或者使用卷帘来遮阳。主人可能在准备入住的时候才发现自己喜欢的布艺颜色和墙面不搭，有时墙面已经用了花墙纸，那么其他布艺就算了，凑合吧。

我的建议是，从自己中意的布艺颜色开始往外围转圈考虑，比如我喜欢暖色、花卉和几何布艺，那就围绕这个中心点往外画圆圈，外围是家具，再外围是墙壁和门窗。按这个思路设计出来的空间调性能让你坚持自己喜欢的风格。

- 色彩方案 -

暖色

暖色是中国人的主流颜色，因为我们的眼睛是褐色的，而欧美人的眼睛是蓝色或者绿色的，他们会偏爱冷色。

在当代室内设计层面，暖色也只是在布艺和饰品范畴内，家具使用浅暖木色不是主流。现代设计趋势大都倾向于灰白色，甚至黑色。20世纪八九十年代流行的枫木、桦木等浅木色，以及水曲柳、樱桃木等暖木色都已经不是主流颜色，现代人更喜欢黑胡桃木以及做成黑灰色的木色。所以在墙面以及家具上，除非自己特别喜欢暖色的木头或者北欧浅色的木色，否则基本都会选择黑色和白色，或者深灰色。

　　说到布艺颜色，其实最大面积的布艺是沙发、靠垫、窗帘、地毯、软包家具，比如带软包椅垫的椅子。布艺整体的色调要从这些配件上去做。在所有布艺里，选择一种有图案的布料，最多两种：一种为主，另一种为辅；一种是花卉图案，另一种是条纹。其他用纯色去烘托和呼应，千万不要使用完全没有色彩关系的两种以上的有印花图案的室内布艺，这非常难驾驭，搭配不好会没有主次。如果多于两种印花图案，其他图案需要非常小，只

蓝色为主色调，黄色为点缀色

英国传统图案布艺和条纹呼应，抱枕条纹上的颜色和印花颜色完全呼应，
米色条纹墙纸烘托出布艺的浅黄色

床品印花布艺和挂画颜色呼应，只有一种印花，印花图案上的牛油果绿和蜜
桃色纯色布艺、印花布艺颜色呼应

创造一种肌理感即可，来辅助主花型和图案。如果只能选择一种印花布艺物品，大部分人都不会选择印花布艺沙发，因为风险比较高，可以把印花布艺留给靠包、地垫等小巧、好替换的配件，甚至窗帘也可以有图案，毕竟更换成本都低于沙发。而且沙发占地面积最大，你在家具店看到的沙发未必适合你家里的空间，也许在你搬回家后在墙壁颜色、门框、窗帘、采光等映衬下，就不是你当初在家具店看到的那种效果了，那扔掉一个沙发就远不如扔掉一个靠包来得容易！

艺术品颜色需要在整体的色彩整合规划中，如果你有一幅昂贵的绘画收藏，那么需要在其他布艺上围绕这个作品去配色，摆件的选择也应遵循一样的逻辑。

挂画颜色和布艺颜色搭配出舒适的视觉效果

主色是暖棕，辅助色是米色，点缀色是墨绿色

　　主色就是大面积的颜色，常用的是米色、红色、红棕色、黄色、暖绿色。

　　我前面谈到了有图案的布艺只能选 1~2 种比较安全好搭配，这里我想谈一下特别亮的颜色，比如大红色、亮橙色的大面积使用。这类颜色如用在沙发上，需要有特别的呼应和设计，否则很难驾驭。亮色作为辅助色更安全。大面积的浅色、带有灰度的柔和色以及中性色的大面积使用风险都不大。

这个暖色的空间里，白色是主色，灰色是辅助色，浅绿色是点缀色，门是负空间

　　辅助色是衬托主色的颜色。点缀色通常是能让主色更出彩的颜色。或者说是补色，点缀色可以大胆使用高饱和度颜色。

　　面积是玩色彩游戏的主要工具，如果选择黄色，那么黄色是作为主色还是点缀色呢？这要根据自己是喜欢更有活力，还是更安静平和的效果来决定。在下面的图片里，点缀色黄色就占了低于 30% 的面积，让白色和灰色唱了主调，如果反过来，房间的整体气氛就会有很大不同。

　　负空间就是我们通常说的反白，比如灰色的墙用白色反白，白色其实是负空间色。灰墙和白色门框相比，还是后者的装饰作用更强。

冷色

　　欧美人多喜欢用冷色布置房间。就像前面说过的，他们的眼

藏蓝色为主色，奶油色为辅助色，橄榄绿为点缀色

睛是蓝色或者绿色的，在冷色调房间里，就像穿了一件冷色调的衣服那样自在。冷色调里常用的主色是深蓝色，比较安全，可以用亮蓝色、米色、金色去做点缀。

冷色的辅助色以金色、米色等中性色为宜，或者用白色。

点缀色可以使用亮蓝色，或者用反差比较大的对比色，但饱和度高的对比色需要控制在很小的面积之内，以保持整体颜色的和谐。

低饱和度的颜色可以大面积使用，但是低饱和度的深蓝色大面积使用会使没有自然采光的房间显得更小。

在冷色的运用上，以米咖色做主色还是比较主流的，因为风险不大。这种相对高饱和度的中性颜色，持久性比较好，不容易

主色为米色的客厅，黑白色为辅助色，水蓝色为小面积点缀色

引起视觉疲劳。

　　米咖色的辅助色通常是浅米色，浅米色是一种过渡色，看起来很和谐舒服。

　　以米咖色、大地色为主的中性色可使用的点缀色范围很广泛，可以用冷色，也可以用暖色，可以根据自己的喜好确定。

　　以米咖色做主色，在使用面积上没有任何要求，是一个安全等级比较高的颜色，不会引起视觉疲劳，点缀色的使用面积也可

在黑白空间里，红色为点缀色，黑白几何地毯是布艺中带图案的单品，黑白几何靠包和地毯呼应

以略微大胆。

　　主色还可以使用黑色、白色、灰色，但是注意空间大小。在较小的空间，需要注意避免以黑色作为主色，可以小面积使用黑色做点缀色。

　　黑色的辅助色可以是白色或者灰色。

　　点缀色可以根据自己的喜好使用任何亮色，但明度低的颜色在黑白中间显现不出来，所以尽量使用大红、亮橙、宝蓝等饱和度比较高的颜色。

这是万物复苏的绿色心情，所需道具就是两个绿色的靠垫和一个牛油果绿色的桌旗

所需道具就是两个绿色的靠垫和一个牛油果绿色的桌旗

　　黑白灰的使用面积没有太多限制，只是根据空间大小来调节，点缀色面积小一点显得比较精致，面积大一点则显得比较奔放。

芥末黄和鹅黄色比绿色更有暖意

　　我至少每隔半年会给自己"换色"，也就是把客厅的点缀色变一下。夏天，我会换上清凉的绿色；到了秋冬，则会换上鹅黄色；冬天，也就是感恩节前后，会换上红色和圣诞的装饰相搭配。其

芥末黄和鹅黄色，加上秋季的一抹金色，让整个空间暖暖的

鹅黄色的金秋

实，更换这些只需要几分钟的时间，能换回自己整个季节的好心情。如果掌握了配色的窍门，这些"福利"还是很实用的。其实，你只需要准备两三套道具而已。

进入9月，天气渐凉，加入更多的暖色，从视觉上获得些许的温度。

从感恩节前后一

火红节日气氛的营造只需要两个红色的靠垫和一个桌旗

红色点缀色温暖整个冬季

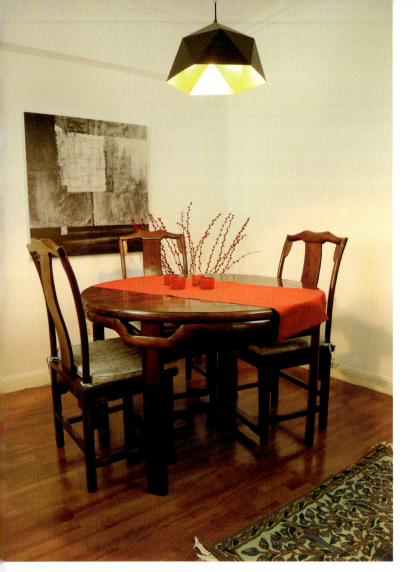

红红火火迎接中国年

直到来年的春节都可以用大红色。如果在圣诞节期间布置圣诞树，红色的装饰就很应景，再配上红色的烛台，节日气氛就很浓厚了。这时候，你需要的道具就是两个红色的靠垫、一两个红色桌布、桌旗，还有若干红色的烛台、红色的柳条。

第八章

长期坚持
运动的人，
从内向外散发出
阳光般的能量

长期坚持运动的人从肤色到精神状态都透出一股阳光般的精气神，这种能量使得他们在与人交往的过程中更容易被接近、被接受。人在运动的时候思路更敏捷，还能排解各种负面情绪，进而达到减压的效果。不得不说，生命的确在于运动。

　　长期坚持运动的人身形挺拔，身材管理得当穿衣扮靓就相对容易很多，因为需要修饰和遮盖的地方很少。

　　我身高 168 厘米，体重在 55~56 公斤浮动。由于坚持运动、平衡饮食、规律作息，我的体重在这一区间保持了 20 年。20 年前的基本款，有些我还在穿，基本没有因为身材变化而更新过衣橱。

　　其实这并不难实现。你可以根据自己的喜好去选择自己能长期坚持的运动，让运动成为自己享受生活的方式之一。唯有把运动变成享受，或者至少变成习惯之后才能长期坚持下去。

坚持运动是身材和仪态管理的必要手段

－ 保持骨量练习 －

身材挺拔的前提是不驼背，人到了 30 岁以后骨骼中的钙会慢慢流失，如果不运动，很容易感觉浑身乏力，再加上长期久坐电脑面前就会形成弯腰驼背的体态。一个优雅的外表需要挺拔年轻的身材作为基础，否则买再多奢华的衣服、首饰也无法弥补。让上身保持挺拔的运动有很多：瑜伽、健美操、普拉提等都能实现这个目标。在运动时，除了拉伸以外，还需要增加力量训练，延缓钙流失，补充骨密度。健身房的器械可以帮助你完成力量训练，还有一些上肢或者下肢的非器械类塑形训练也可以达到这个效果。

－ 减脂练习 －

人到 30 岁以后就会代谢减慢，加之现代人对着电脑、手机屏幕的时间越来越长，久而久之脂肪就会堆积在腹部和大腿上。这种情况需要做减脂运动。减脂运动通常是有氧运动，比如慢跑、快走、瑜伽、单车、健身操、健身舞、跳绳、登山、爬楼等。减脂运动也可以分为室内减脂运动和室外减脂运动。如果要达到减脂的目的，每天的热量消耗要大于摄入，这个热量差就是我们需要通过运动来消灭的。

- 紧致塑形 -

　　经常运动的人行走时体态步履轻盈，朝气勃勃，那是因为他们的肌肉和骨骼都有较好的支撑力。如果失去肌肉的支撑，走路会步履蹒跚，那美就无从谈起了。运动可以让肌肉保持紧致，保持肌肉含量是保护好骨骼的一个重要方面。所以，我们需要先评估自己身体各个肌群的状况，有目的地运动，防止肌肉流失才是最有效的运动健身方法。我的腿部肌肉需要加强，所以我会选择加强小腿和大腿肌肉的运动。

- 柔韧性练习 -

　　柔韧性训练对于加强身体的协调性、体态和肢体语言有很好的帮助，对一个人气质的提升也有很大益处。柔韧性练习的相关运动有瑜伽、芭蕾等和形体相关的训练。

运动的误区

- 误区一：减脂只靠有氧运动 -

　　其实所有运动都能减脂，只要你摄入的热量小于消耗的热量，处于热量赤字的时候你自然就会变瘦了。有氧和无氧也并不是绝对的，这取决于两种供能体系在供能时的比重。

有氧运动是指人体在氧气充分供应的情况下进行的锻炼，或者说以糖分的有氧代谢为主要供应能量的运动就是有氧运动。它可以提升氧气的摄取量，更好地消耗体内多余的热量，有氧运动燃烧的主要是脂肪。它的特点是强度低、有节奏、持续时间较长。每次锻炼的时间要不少于 1 小时，每周坚持 3 到 5 次。通过这种锻炼，氧气能充分酵解体内的糖分，还可以消耗体内脂肪，增强和改善心肺功能，预防骨质疏松，调节心理和精神状态，是健身的主要方式。

常见的有氧运动项目有：瑜伽、步行、慢跑、滑冰、游泳、自行车、太极拳、健身舞、韵律操等。

无氧运动是相对有氧运动而言的，是指人体肌肉在无氧供能代谢状态下进行的运动，例如举重、百米冲刺、摔跤等。无氧运动大部分是负荷强度高、瞬间性的运动，所以很难持续很长时间，而且消除疲劳所需的时间也久。有氧代谢是不能满足身体此时的需求的，于是糖分就进行无氧代谢，以迅速产生大量能量。这种状态下的运动就是无氧运动。

进行有氧运动时，运动强度应该维持在中等或者中等以上的程度。也就是说，心率尽量维持在最大心率的 75% 到 85% 之间。我们的最大心率是 220 减去我们现在的年龄。以一个 40 岁的成年人为例，他的最大心率就是 180。当你的心率达到最大心率的90% 或者以上时，那么你所进行的有氧运动就变成无氧运动了。

虽然有氧运动是减脂的重要手段，但力量训练可以令身体在休息的时候燃烧更多热量，这也是为什么无氧运动＋有氧训练能带来最好的燃脂效果。如果只通过有氧运动来减肥，在减掉一定体重之后就会进入平台期，不会再减轻体重，也不会获得更好的形体。此时需要进行无氧力量训练配合有氧训练，这样才会进一步地减掉脂肪、塑造形体。

- 误区二：运动之后可以随便吃，七八分饱体重就不会增加 -

健身之后给自己加餐是一个很可怕的习惯，我曾经晚上健身后饱餐一顿，一个月后增重 5 斤。

- 误区三：体重没有变化就是减脂失败 -

有时候体重没有变化，但是脂肪含量下降，这说明肌肉在增加，脂肪量在减少。相同重量下，体脂含量比之前低的话，人的体形会更瘦一些，因为肌肉比脂肪更紧实。

- 误区四：只有上午／下午才是最好的锻炼时间 -

尽管有些研究表明在某些时间段的锻炼效果会更好，但相对不锻炼而言，任何时间的锻炼都是好的。所以选择一个自己方便的锻炼时间，坚持下去，形成习惯就是最适合的。

比较容易坚持的运动方法

- 去健身房 -

无疑，去健身房和请健身教练是最传统有效的方法。健身教练可以根据你的身体状况指导你做增强肌肉的练习，同时消耗热量。最重要的是，教练会告知你如何避免肌肉拉伤，并保护好膝盖和腰部，避免造成运动损伤。

- 充分利用互联网时代的各种应用 -

除了健身房以外，现在的在线运动软件已经在很大程度上代替了健身房的教练，使运动变得更普及、更容易。各种视频网站均有健身内容，可以根据自己的需要去搜索，并制订相应的运动计划。比如你需要消除腹部赘肉，只要在视频网站上搜索"腹肌训练"等关键字就有很多选择。B 站、抖音、快手上都能搜到，可以跟着视频里的教练一起练习。

- 针对不同年龄、不同部位做好运动规划 -

值得一提的是 Keep（自由运动场）健身 App，它做得比较全面和完整。它可以根据你的年龄以及 BMI 指数（Body Mass Index，体重除以身高的平方）去评估你所需要的运动。例如，虽然我的身材还可以，但是需要做力量训练保持骨密度，做挺拔类的练习避免驼背，同时还要做减脂运动增加代谢能力。Keep根据我的需要，给我制定出一周的练习课程，我选择了每周4次的计划。这个计划包括室内伸展和四肢塑形训练，以及户外的变速快走或者变速跑课程。跑步过程中根据教练的指导调整呼吸，根据要求摆动手臂，加快或者放慢步伐，音乐使跑步不再枯燥。 在4次课之外，我可以选择增加额外的计划，比如尊巴拉丁舞课，可以跟着教练挥汗扭胯。其实，跳拉丁舞的运动量也不小，同时还能享受拉丁音乐。也可以根据想消耗的热量设定每次的运动目标，如选择健步走或者跑步。你在设定需要消耗的热量为200或者250卡后，跟着音频跑步即可。

Keep还有运动前的热身，以及运动后的拉伸，让你享受运动的同时还能充分保护自己的机体不受损伤。

如果不参加任何Keep计划，Keep是免费使用的（参加计划是每月20元），也可以根据自己的目标自己做好计划。我在使用它的计划，感觉老有人督促自己，还是比较适合我的。

Keep是一款让我更自律的软件。在使用Keep后的4周，我的脂肪率就回到了正常范围。

– 运动需要健康饮食的配合 –

如果有每日的摄入热量和运动消耗热量之间的差值，你就可以有目标地消耗所需要消耗的热量。

有些软件，比如Keep，有记录一日三餐热量的功能，这样热量差就变得一目了然，而且会让你在饮食上管住嘴。每人每天所需热量约为 1500 卡，如果摄入热量超过这个数量就很容易热量过剩。Keep 记录的餐食种类比较多，中西式都有，而且分量可以选择（以个／碗计算）或者精准到克，这样计算出来的热量比较精准；还有热量和营养评分，可以作为调整饮食的参考。久而久之，在考虑早饭是否需要多吃一块饼干的时候，你就会慎重了。

在执行减脂计划时，需要保证优质蛋白、蔬菜及粗粮的摄入。优质蛋白有瘦肉（不是五花肉和排骨）、鸡蛋、豆类蛋白。需要控制的是脂肪和糖的摄入。

Keep 上的饮食记录有热量和营养评分　　Keep 上的饮食记录有摄入量建议

– 配合运动的装备 –

　　说到减脂，我几年前买的一款脂肪称也给我立了很大功劳。称重时间一般设在晚上比较科学，早上也可以。但哪个时间段称重不是重点，重点是要在同一时间称重，比如这次选择临睡前称，下次称重也需要选择临睡前，这样数据有可比性。通常来说，早上醒来水分流失，身体经过一晚的休息往往会比较放松，肌肉量会比较低，脂肪量会偏高。每天或者每周观察自己的体脂变化，以及肌肉、骨量和新陈代谢的变化趋势。如果摄入超标，体脂尤其是内脏脂肪上升后，需要几天的时间通过清淡饮食，把脂肪率降下来。这样就能对自己的身体状况随时有洞察并有所掌控。

　　除了脂肪称之外，有人还会配备运动手表，但我买了两个都没有坚持使用就束之高阁了。其实，配一个能装手机的运动腰包就行了。现在的手机很智能，可以记录各种运动数据。

　　置备一个好的天然橡胶瑜伽垫还是很值得的，因为很多拉伸运动需要在垫上完成。有些便宜的瑜伽垫有股化学气味，长期使用有些不放心。

　　除此之外，还要给自己置备一些舒适、透气、有弹力的运动服。我比较喜欢买 Lulu Lemon（露露柠檬，一个运动品牌）的裤子和 T 恤，这个品牌的运动服装弹力很好，运动时没有任何束缚感，这也是对自己很好的激励。此外，专业的运动服能让你在运动时有更专业的表现，现在运动服的设计越来越尊重人体科学了。我过去觉得健身就随便穿件 T 恤就好了，后来买了专业的健身衣，感觉运动时的状态好了很多。好的瑜伽裤能让你完全放松，舒适有弹力的跑步鞋对你的脚踝甚至膝盖都有很好的保护作用。

– 把运动变成习惯后，运动不再是一件痛苦的事情 –

南加利福尼亚大学（Southern California University）社会科学系副主任、精神医学与商务教授温迪·伍德（Wendy Wood）博士说：习惯就是头脑中关于行为的快捷方式。当习惯养成后，就会形成自动反应。很多良好习惯的产生并非取决于自制力，而是建立在自动反应机制之上。

如果把每天的运动变成自己作息时间的一部分，那哪天不练你就会觉得生活中缺了什么，这样，我们就会不由自主地走出自己的舒适圈。

第九章

———

拓展视野和人生半径
以及所需要知道的规则

心理学里有个概念叫"心理舒适区"，人的成长就是一个不断突破自己的心理边界、扩大舒适区的过程。越喜欢宅在家里的人心理舒适区越小，心理舒适区最小的人就是自闭症患者。心理舒适区小的人灵活性较差，在他们舒适圈的边界内，一切都不能改变，包括相处的人、习惯、周围的物品、家居摆设等。人在舒适区内会有安全感、没有压力，一旦离开心理舒适区，就会感觉到不安，产生压力和焦虑。人是通过不断扩展自己的边界而逐步扩大舒适区的，并非天生就具备这种能力。当我们还是胎儿的时候，母亲的子宫就是我们的舒适区，婴儿时妈妈的怀抱就是我们的舒适区，随着我们逐渐长大，舒适区边界从学校扩展到其他城市，再逐步拓展到全世界，我们的舒适区可以无限延伸。这个过程不是一朝一夕的事情。比如，直接把心理舒适区比较小的孩子送出去留学，会造成孩子一下无法适应，焦虑会打败他们，造成各种心理问题，甚至可能导致他们中途退学。社交恐惧症也容易发生在心理舒适区偏小、心理边界偏窄的人身上。人与人的交往和互动是人们获取信息和知识的重要渠道，所有的烦恼都来自人与人的关系，而社交和礼节是人与人之间的润滑剂。学会与人相处，能感受到人生的更多乐趣，甚至价值感，进而获得自信和幸福感。

电影《罗马假日》里面有句名言："You can either travel or read, but either your body or your soul must be on the way." 这句话后来被人翻译成：身体和灵魂总有一个要在路上。正所谓"读万卷书，行万里路"。举手投足间透露出知性、优雅和智慧的人，一定是阅人无数，人生半径超过平均值的人。人生阅历和知识是品位人生的底蕴所在，无法模仿和复制。

如果让我总结三种延续生命的方式，我会说：旅行、读书和健身。我们可以借此成长、延缓衰老。生命在于吐故纳新，在于新陈代谢。

本章就是拓展人生半径的一些贴士、常识、被多数人认可的常理，一些人与人交往的礼仪，是我在人生拓展旅途中积累的经验。希望本章介绍的内容能让更多的人在人生探索旅途中多一些准备，少一些不安。社交礼仪也可以认为是整体视觉包装的一部分，一个有品位的人除了要有得体的外表，还要有修养的举止。

在刚踏上人生探索之路的时候，我真心希望有人或者一本书能告诉我一些社交礼仪、我应该怎样做才容易被接受、如何与人互动。我从小在外婆家长大，老人带大的孩子舒适区往往会比父母带大的小，因为老人的生活圈子就比较小，而且老人带孩子更多出于责任。我还记得大学毕业时那种兴奋，伴随着对这个世界的不确定以及恐慌和焦虑。这都是因为我小时候的人生半径太短，好像就是外婆家那间 18 平方米的客厅兼卧室的房间，从北面卫生间走到南边的钢窗玻璃，只有那么几米长。

1~2门外语是探索世界的工具

在拓展人生的各种旅行途中，如果有机会，可以多接受各种艺术熏陶，比如去国内国外的博物馆、美术馆、音乐厅等。文化熏陶和多吃水果、蔬菜一样，能让你散发健康的光芒。直接了解这些信息会比通过翻译了解更原汁原味。在翻译过程中，有些可以意会不可言传的东西就丢失了，包括语气、语调、习惯、典故等在直译中很难表达。如果没有语言这个障碍，很多人都能适应国外的生活，更好地体验不同的人文地理，拓展自己的边界。与国际友人交往也会简单很多，还能避免一些不必要的误解和文化冲突。

- 学习语言时，语感、语法和词汇要均衡学习 -

其实，学习语言并没有那么难。贵在坚持，可以报班学，也可以自学，重点是要学习语言习惯，也就是不同语境下词汇和句式的习惯用法，或者叫语感。现在比较有效的学习方式是到国外的语言培训班学习，或者在线跟国外老师学习，这些方法都很好，关键是需要不断练习。我说的报班学习，不是报那种教你怎么考托福、雅思或者 GRE（美国研究生入学考试）的班，这些班是教你怎么通过考试的。这些班可能让你的考试分数很高，让你能拿到好学校的录取通知，但到了国外你还是不太能听懂对方讲什么，学的是哑巴英语。我还是觉得语言课程由母语老师教比较靠谱，因为他们的语感是非母语国家的老师不能比的。我从上海外国语大学毕业后感觉自己并不会什么英语，虽然上学的时候也有外教，但毕竟外教课时不是很充足，大部分英语都是毕业后在工作中和出国旅行中练会的。记得当时给丝绸总公司的大老板翻译"10亿美元"的时候，我在本子上画了9个零，再用逗号把零三个三个分开，才明白那叫 billion，足足半分钟才翻译出来，尴尬至极。这里没有贬低我母校教育的意思，只是自己当时没有太注意口语的练习，把时间过多地放在背词汇和学习语法上了，缺少语感练习。我的英语是工作之后到世界各地出差硬着头皮练的。记得当时 20 多岁的我，带着十几个比我年龄大一倍以上的公司领导、下属工厂的厂长去意大利、德国买丝绸印染设备、染化料，在外十天半个月负责全团人的吃喝拉撒的安排和大小会议的翻译，那时候的进步和学校学习的速度不可同日而语。这说明语言学习需要可以练习的环境。再有就是在欧盟翻译司的同传班里被老师训练出来的。现在，我觉得看美剧是一个很好的训练语感的方法。可以从看中文字幕，逐步过渡到看英文字幕，再过渡到不看字幕。但是只看美剧不学习语法、不记单词也是学不会英语的。要有计划地掌握一定量的词汇，再懂一些语法，再放入情景中运用，词汇、语法、语感这三项需要平衡地学。光学习语法没用，那是骨头架子，没有语感张口肯定出错；词汇是肉，有肉有骨头才有用；就算是会语法、有词汇量，但不知道在什么场景下用什么词，那在张口时脑子还是会搜索词汇。没有语感的支撑，在张口的同时还要找合适的人称和时态、套合适的句型，这样往往会顾此失彼。有时，我感觉语感比词汇和语法更重要，所以经典的句子背下来才是正道。

－ 学习外语需要重视敬语的学习和使用 －

其实我感觉二三十岁的人英文都不差，都有一定的基础，比我们这代人的总体水平高跟多。这里我想重点谈谈敬语，这是我们学习外语容易忽略的地方，大部分人对于记单词、学习语法很有热情，认为那是学习语言的硬货，总觉得把英语词汇都叠加起来就可以使用了，但叠加起来的句子往往是不连贯的句子（broken language），很难表达你的真实意思。事实上，无论是英语还是法语，都很讲究敬语的使用，如果不会使用敬语就很难表达我们的善意，在海外学会表达善意是被善待的很重要的原因。

使用敬语，除了要使用"请"（please），还要用"Could you please..."（请您能……），"May I..."（我可以……）要比"Can I"（我能……）柔软礼貌很多。法语里面更是，一定要用"您"（vous），不能直接用"你"（tu），让别人做事一定是用"请"（S'il vous plait）等。这些都是西方文化中的润滑油。如果你用了敬语，就会受到很大的尊重。如果不用敬语，直接用简单句，他们会感觉不到你的善意和礼貌。虽然事实只是我们对他国的语言和文化不熟悉，有时不知道如何使用，或者觉得自己只用最简单的现在时加简单句就好了，能听懂就行。其实，简单句有时候就是英语里面的祈使句，在西方文化里面是命令的口吻。中国有很多理工科毕业的人，都能很流利地用英文写论文和各种文章，发表在国际专业期刊上，但生活中学的是哑巴英文。

除了情态动词的使用之外，英语和法语里面打招呼最要紧的是要加上"先生"、"女士"或者"小姐"（法语里面有单独的"小姐"，英语里面都是 madam），用中文理解起来就是：这位女士（或者这位先生），您能告诉我去 ××× 是否坐……车？其实大家可以练习几个礼貌的句型，直接往里套就好了。

在使用敬语时，句子前面要用"Excuse me，sir/madam"（打扰了，先生/女士），把 sir 或 madam 加在句子后面总没错，就像"Yes，sir/ madam"（是的，先生/女士）。这两年，北上广深这些一线城市里说"谢谢"和"不好意思"的人多起来了，这是非常好的迹象。

其实，记住这几个基本的在外出旅行时就够用了。相反，我们学校里学习的"How are you?"（你好吗？）、"Fine，thank you."（我很好，谢谢）、"How do you do?"（你好）、"My name is Mary"（我的名字叫玛丽）这些礼貌用语倒是真没有太多机会可以用得上。

- 学习方法 -

报班的方法：不一定要找最贵的，但一定要用母语教学的老师。

学习频率和方法：坚持每周至少有 5~10 个小时的学习时间，均衡分配单词记忆、语法学习、阅读以及视听消化；养成随时查询生词并碎片记忆的习惯，记录习惯性的句型并背诵。这样密集的不间断学习至少坚持 2~3 年才能掌握一门外语，之后需要有

2~3 年的时间去巩固。根据作家马尔科姆·格拉德威尔在《异类》一书中所说，掌握任何一项卓越的技能都需要 1 万小时（1 万小时定律）。花费这个时间完全值得。世界上最好的翻译——欧盟的译员，也只能保证翻译出的内容有 90% 以上正确。如果要 100% 获得外文信息，那就只能用原文获得。况且在旅途中，没有什么比自己能听懂、能看懂、能表达清楚更赞的感觉了。

– 第二外语能巩固第一外语 –

如果有机会，还可以学习第二门外语。语言是相通的，尤其是相同语系的语言，词根大都相近。我在学习法语的时候，就感觉很多词根和英语很像，所以省了很多力气。拉丁语系里面的意大利语、西班牙语和法语更像，有一多半词汇的词根都是一样的。所以，第二门外语学起来比第一门要容易得多。另外，更重要的是，你会觉得世界一下子给你敞开了更多的门，自我边界又一次得到延伸。那种感觉真的很棒，可以跟更多不同文化背景的人交流，从不同的角度去理解西方文化。之前，你去国外看到的字都是懵懵懂懂的，现在能看懂路标、店铺名称，能点菜，这种感觉就自信多了，也自在多了。有些英文词汇是来自法语，这样对于词的理解就比较深刻。比如，英语中常用的一个法语句子是"Déjà vu"（似曾相识），只会英文的人就很难记忆这个句子，因为它既难念也不好拼，上面还有音标符号。

优雅的品位在于举手投足之间

品位含括的范畴很广，行走、落座、吃饭、喝茶和穿搭等，所有需要展现审美的细节中都能展现出"品位"。优雅的谈吐来自神秘的气质，香奈儿的形象大使卡洛琳·德·麦格雷（Caroline de Maigret）曾说过："讲话和大笑时绝对不要让别人看到你的牙龈。"

我对修炼优雅肢体语言的感悟是：芭蕾舞的基本动作是标准的淑女动作模板——抬头、收腹、挺胸。挺胸、抬头、收腹、放松双肩这种劲儿的长期保持，对于身材和仪态的保持有良好作用，经常练习芭蕾舞的基本动作，走路仪态以及坐姿都不会错。相关的肢体礼仪有以下几个方面。

- 目光接触时，面部表情尽量保持微笑，至少是友善 -

很多时候，在欧美的大街上（尤其是美国），大家都会报以微笑，即使陌生人之间也是如此，在电梯里见到陌生人更是如此。这点大家在国外不要觉得奇怪，如果能入乡随俗最好，做到这一点其实不难。大家都这样做，世界就会多一点微笑和善意。走进别人的房间要大大方方，保持微笑并打招呼，同时保持眼神接触。不打招呼、眼睛不看对方，或者没有表情都是不优雅礼貌的方式，也要避免打开一条门缝很害羞的样子钻进来。

– 把你的正面对人是对他人最大的尊重 –

无论是走进别人的办公室或者家中，在会议中做演讲，还是在社交场合跟人交流，有一点需要特别注意的就是：不要用后背对人。在人与人的交往中，面对谈话对象，停下手里的事情，全神贯注地注视对方是对对方最大的尊重，无论是对长辈、对领导还是对下属都要这样。尤其是对下属，这种四目对视的交流是一种激励，因为员工会感觉到你重视他。对于上级和长辈就更不用说了，应该集中全部注意力。演讲时一定要注意面对观众，并和观众有目光交流，PPT 是做给观众看的，所以每页 PPT 不要多于6 行字，并且一页只讲一个要点，应该让观众能看到演讲人，不要让观众阅读 PPT，千万不要把 PPT 当成自己演讲的提词板。我经常看到演讲人对着电脑屏幕在念他的 PPT，把背对着下面的观众，完全不和在场的观众做目光接触。先不说这种交流效果不好，背对着别人讲话就是不礼貌的行为。还有隔空喊话，就是隔着好几张桌子跟别人说话，或者隔着房间跟别人说话，都被定义为奇怪的举止。还有就是，请绝对不要隔着厕所隔间聊天。

– 自然站立是一种有亲和力的表现 –

芭蕾舞中最基本的站姿就是两臂放松地放在两胯旁边，两肩也同时放松，腰背挺直，收腹，这就是最标准的站姿了。注意不要双臂交叉抱住自己的两个大臂，这种站姿会释放负面信号，除非你对对方的言行有不满的情绪需要表达；也不要双手叉腰站立，这种姿态传递的负面信号更强；尽量避免用侧面对着对方，尤其是在对方是比较重要的人物时。但双手也不必像空姐和服务员那样交叉叠握在小腹部，这样有刻意不自在的痕迹。如果社交场合手握香槟杯的话，单手握住香槟杯举到和腰部平齐的位置即可。脚尖自然指向交流的对象，这样传递出来的是很友善的信号，因为心理学对于肢体语言的分析结论就是：喜欢谁，你的脚尖就会情不自禁地指向谁。

- 从坐姿上完全能看出你是否易于接近 -

中性友好的坐姿就是双腿并拢，正面对着交流对象，如果累了可以选择交叉双脚，或者交换双脚交叉的方向。侧坐、翘二郎腿、四肢摊开、双脚抖动等坐姿都有一些潜在的负面信息，给人传递不容易接近的信号，不适宜社交场合，需要避免。

- 注意小动作 -

注意在公共场所千万不要有这几个行为：挖鼻孔，打饱嗝，剪指甲和打哈欠。当众擤鼻涕（当然是往纸巾里）是不用不好意思的；打喷嚏也很正常，只要用纸巾、胳膊肘挡着即可。如果打喷嚏了，自己要说"Excuse me"，其他人会说"Bless you"（保佑你），西方文化认为打喷嚏的时候恶魔会带走你的灵魂，所以需要让上帝保佑你把你的灵魂留在体内。当你打喷嚏的时候，大街上有陌生人说"Bless you"，千万不要吓一跳，同时也记得回复一句"Thank you"（谢谢），以示礼貌。挖鼻孔是很不文明的行为（如果手机上有挖鼻屎的表情包，在对别人不屑的时候可以用，而且是非常不屑的时候）。当众打饱嗝也是不雅的；打哈欠（也要捂嘴）是一个你觉得对方无聊的表现，会冒犯对方。如果情不自禁打饱嗝或者打哈欠在说"Excuse me"的同时遮住嘴巴，还需要加以自嘲的解释，比如"抱歉，我昨晚熬夜加班了，看来藏不住了"。

得体的礼仪是社交润滑剂

－ 接受或拒绝邀请礼仪 －

收到别人的邀请，尤其是邀请函上有 R.S.V.P.（法语"répondez s'il vous plaît"的缩写，"请回复"的意思，所有西方国家通用）字样的请柬，请在请柬上规定的时间回复是否能去。

书面回复 R.S.V.P. 的基本内容包括 3 项：第一，非常感谢主人的邀请，如果是高规格的，可以说非常荣幸被邀请；第二，如果是庆典就要恭喜对方庆祝的事情；第三，回复自己是否能出席，如果不能出席，就要说一个对方能接受的理由。如果和对方很熟悉，电话回复也是可以的。

有种请柬没有"R.S.V.P."字样，但有"Regrets Only"（"不能出席请告知"的意思）字样，这种请柬通常是推断你大概率能来，如果有事不能来才需要告知。假设你收到的婚礼请柬上有这种字样，如果你不告知，主人就认为你可以出席，所以收到带有这种字样的请柬，如果不能出席一定告知主人，以免失礼。书面回复自己不能去的话，需要很真诚地感谢一下对方的邀请，再说明自己因为什么很遗憾无法出席；如果是很亲密的关系，可以说自己本来很想去的；最后祝贺对方的庆祝内容，比如恭贺贵公司成立××周年！如果你是因为感冒不去了，主人会非常理解并觉得你很有礼貌，很为别人着想。

大家有时觉得这样做有点麻烦，但是换位思考一下，如果自己是主人，对方不来参加也不打招呼的话，自己是不是也会不开心呢？所以礼节是双方的自我约束，是一种保护双方关系的润滑剂。相信我，这种麻烦是一种修养，是一种积累。

- 乘车礼仪 -

除非打车，如果司机是家人、朋友或者是同事，一定不要都坐在后座上，把副驾驶空出来，这样就真的把人家当司机了，有些失礼。如果开车的是自己的老板，就更需要坐在副驾驶的位置上，避免让老板感觉自己成了车夫。如果和女士一起乘车，男士需要把比较近的车门留给女士上车。车上最好的位置是副驾驶后面的座位，因为这个位置比较安全，下车离门口最近，这个位置需要让给主宾或者女士。和女士同乘或者旁边坐的是女士，超级有绅士风度的做法是男士下车为女士开车门。

－ 乘坐电梯礼仪 －

如果是乘坐直梯，一定让女士先上电梯、下电梯，绅士风度再足一些的用手挡一下电梯门以示保护；如果是上扶梯，让女士先上电梯，但下扶梯则相反，男士在前，这种保护女士的做派也是很有绅士风度的。这时，女士就不要客气了，给男士们一个做绅士的机会。

－ 社交距离与隐私空间 －

面对面的交流也好，排队也好，都需要和别人保持合理距离，面对面交流时保持一个手臂的距离为好，并肩距离保持30~40厘米以上为好，尽量避免肢体直接接触，给别人留出私人空间。

关于人与人之间的距离，我想多说几句，有人可能看过卡罗利娜·科尔霍宁创作的漫画集《芬兰人的噩梦》(*Finnish Nightmare*)，里面展现了芬兰人有社交恐惧症，陌生人之间基本保持2米距离。

虽然芬兰是对距离感要求最高的国家，但整个西方对人与人之间的距离和空间都有一定要求，欧美人尤其是北欧人，大多和陌生人不会有肢体接触，除非握手，贴面礼也只是熟人之间会发生。除了情侣之外，大街上很少有人手拉手。如果两个女孩子手拉手，她们会被认为是同性情侣，当然，如果当事人不介意就没事。

如果我们到其他西方国家旅行，要习惯凡事提前预约。西方人看医生都要提前预约，平时不会直接去敲邻家的门，除非特殊情况，即使是父母家、公婆家，去之前都会提前打电话，家庭聚会也需要提前预约。尊重别人的隐私空间是一种美德。

－ 初次见面破冰礼仪 －

在社交场合，大家相聚都是想认识有趣的人，或者认识和自己不同的人，或者积攒日后能相互帮助的人脉，听听自己没有听过的新闻。其实，如果是社交，就不要带着太多的任务，只是认识人就好，这样就很放松。你放松了，别人也觉得你比较好接近，所以大家的心理都是差不多的。如果你对别人充满好奇，那就多给别人说话的机会，不时鼓励别人多说说他自己，这会让对方更愿意多说，这样可以拉近与对方的关系。总之，别冷场，记住几个熟悉嘉宾的状况，先见一圈熟人，再逐步找机会跟陌生人交谈。破冰的方法其实很简单，先介绍自己，然后等对方进行自我介绍，再找对方和自己的共同话题，比如共同的行业、共同喜欢的美食，甚至穿的相同颜色的衣服或者配饰等，随后就让对方说，多问些开放式问题，"你是怎么样""什么时候""什么地方"等问题，以"是不是"开头的问题如果对方说"对"或者"是"，之后就没有下文了，两个人容易冷场。

另外就是，在社交场合需要放下身段，谦虚一点，因为别人或许有社交恐惧症，你的一个和蔼表情会给对方一颗定心丸。脸上一定要保持微笑，尤其是在看见熟人的时候，要做出与"很高兴见到你"相匹配的表情。

去社交场合，可以听到之前自己不知道的信息，积累人脉，保持一种人和人的友善，这对自己幸福感的提升有很大帮助。所以，遇到价值观差不多的人，可以多敞开心扉，多袒露自己，这样对方也会更坦诚。只要心态放平了，社交场合就是一个很开心的交流时刻。

虽然是一个开心的交流场合，还是需要有些边界，尤其是西方人比较在意自己的隐私，有很多话题是敏感的、不能问的。比如收入、年龄、政治倾向等就是禁区。西方人对于自己投票给哪个总统候选人是绝对不愿意说的，有些人对于自己属于哪个政党也不愿意说，除非是对特别亲近的人。如果你是做人力资源的，作为工作需要，或许在非常亲密的人当中可以问。我就被比较亲近的芬兰人问过这些私密问题，但他们会给我留有余地，比如："我不知道是否可以问你一个敏感问题而不冒犯你：你们××岗位的员工薪酬大约处于一个什么水平？"这时我不觉得被冒犯，还觉得人家已经打招呼了，而且是很熟悉的人，我就说一个范围，不会说得太具体，这样大家都给对方留了余地。在国外生活时间长的华人，各种习惯是很接近西方人的，我经常见他们被问出各种尴尬的"表情包"，土生土长的华裔更是如此。所以在社交场合，安全的社交密码就是按照国际惯例行事。

社交场合也是相互贴标签的过程，所以需要先确定自己的标签是什么。如果你的标签是高科技企业的高管，那你的言谈举止就要符合自己的标签，这样大家容易记住你，今后再见到你，就知道跟你聊什么了，只要不太刻意就可以了。所以社交场所不是完全的休闲场所，也不需要如临大敌那般紧绷着，而是两者的平衡。所以要提醒自己在这种场合是需要客气的，同时也是放松的。

一个社交场合常见的问题就是：跟一个人聊多久？如果感觉话说得差不多了，就可以借口离开。以前，我觉得礼貌地离开一个正在对话的人比较难，后来找到方法就觉得不难了。方法就是自己觉得不想说了，或者对方在应付这个对话的时候，马上转移话题，就说"今晚的菜不错，你拿了吗"，或者说"你在哪里拿的那个三文鱼，我也去拿点儿"，这样就很容易脱身，或者直接说"我去拿点喝的"就好了。整晚最好能和更多的人谈话，这样才有社交的意义，也就是维护一下老朋友的关系，同时也认识一下新的朋友。

如果感觉自己状态不好，其实也没有必要勉强自己，那就提前跟对方回复说"不巧，今天不舒服，抱歉不去了"，或者去一下提前出来也是可以的。总之，不要太为难自己。只有自己处于一个良好的状态，才能是一个较好的社交对象，能给别人更多的谈资和信息。

- 国际守时规则 -

比起印度人，中国人是非常准时的，中国人通常会迟到10~20分钟（这个数字近年来在逐步降低）。在西方人中，德国人、英国人、美国人、北欧人比较准时，法国人、意大利人和中国人在迟到时间上差不多，甚至比中国人迟到时间还长。东方人中，日本人很守时。准时的人会觉得不守时的人不尊重他们的时间。中国人可能会觉得交通堵塞不可控，但在中国的芬兰人没有一个会迟到。我平时跟芬兰人交往的经验是，他们尽可能早些时候出门以防止交通堵塞，所以他们不会晚到。他们会觉得经常晚到的人不靠谱，会降低对这些人的信任度。我们公司发给印度供应商的围巾订单都留出半个月的延迟交货时间，有时候半个月都不够。所以我们在发给印度供应商订单时会非常谨慎，会留出很长的延时交货时间。法国供应商也会延迟交货，出席活动也经常会略晚。意大利供应商交货还是比较准时的，也许意大利人在马可波罗时代就接收到了中国人的生意头脑和中国的面条。如果你觉得自己会迟到，一定要在到达之前打电话，告知对方会晚到一会。通常来说，15 分钟是国际上合理的晚到极限了。

- 礼尚往来 -

西方人送礼物时不会赠送过于昂贵的东西，通常会赠送有意义的东西，比如对方喜欢已久的一本书或者画册，或者自己也用的一套漂亮的水晶水杯，无论新旧都可以包起来当礼物赠送，尤其是对于比较亲近的人，只要是他们喜欢的好东西，他们不介意是否被用过。甚至有一次，一个芬兰人把和芬兰商会主席在咖啡馆讨论工作时在餐巾纸上画的手稿裱装成画框，在商会主席离任的欢送会上送给了她，表示纪念。而送旧的东西和用过的东西对于中国人来说有点不可思议。给不熟悉的人通常赠送的也是有意义的、对方能用到的、但不容易买到的东西。这点和中国人比较相似。我收到的礼物中留到现在的是一个做成狗狗样式的生日卡片，因为我想养狗，但是一直担心自己没有精力尽到义务，所以朋友就送我一个做得很像真狗的卡片，还带着毛茸茸的狗毛和眼睛。除非是情侣之间，西方人很少会送奢侈品给对方，主要是怕别人有压力，或者避免贿赂嫌疑。西方人也很少请人吃饭，约饭局基本是有事情，美国人是各付各的账，欧洲人中除了荷兰人都是轮着付账，学生当然也是 AA 制，有些自愿的聚餐也是 AA 制。这很正常，遇到这种情况就大大方方支付自己那份就行了。唯一需要注意的是送人礼物时，注意要把价签剪掉，或者涂掉价签上的价格，避免对方收礼时有压力。还有一个让收礼方开心的做法就是当场打开并晒礼物，这样会让主人有面子。

- 西餐礼仪和密码 -

放低声音

在餐厅里，注意放低说话音量，音量控制在不打扰邻桌就好。欧洲人和日本人在餐厅通常声音比较小，法国人则会嫌美国人说话大声。

西餐摆台

西餐里的摆台很有仪式感，诱人的餐具是好心情的开始。我觉得西餐讲究摆台的礼仪很好，摆得漂亮、颜色搭配得好的摆台是最好的开胃菜。除了漂亮的餐具、餐布和鲜花等装饰品，西餐的刀叉使用也有它的一套规律和方法，而且各个国家还有自己的规则。这里，我们就浅谈一些通用规则。

首先介绍餐布的使用。落座后，从桌上拿起餐布铺在自己的膝盖上，注意不是铺在桌子上。可以把餐布对折平铺在膝盖上，如果需要擦嘴，用朝里面折叠的那一面来擦，这样餐布外表就看不见污渍或者口红印了。餐布不能用来擤鼻涕，擤鼻涕请用纸巾。如果中途离开，餐布可以松松折叠一下放在自己的椅子上，用完餐后的餐布则放在桌子上，主人或者服务生看到你把餐布放在桌子上了，就得到你要离开的信号了。

面对一排排的刀叉，大部分人的疑惑恐怕是那么多的刀叉先用哪一副？长桌吃饭左右都有面包，都有水杯，都有黄油碟子，到底哪个是自己的？

下面，我们先来搞清楚西餐礼仪中俗称 BMW 的三个区域：B 代表面包（bread），在最左边；M 代表餐（meal），在正中间；

西餐摆台的 BMW 区域

W 代表酒水（water），在最右边。按照这样的逻辑，左边的面包盘是你的，右边的 2~3 个酒水杯是你的。

我们再一个区域一个区域地详细介绍一下。

面包区（B 区）摆放的是面包盘、黄油刀和黄油。通常面包是餐前服务员先上来给你垫一下肚子，你可吃，可不吃，也可以留着到上菜的时候配菜吃。需要注意的是，面包不要用黄油刀去切，更不要用 M 区域的餐刀去切，那些餐刀都是留着派大用场的，面包要用手掰，基本掰到可以一口放到嘴里去的大小，用黄油刀抹上黄油，用手送到嘴里。注意不要用牙啃咬面包，除非是吐司和汉堡。西方人跟好友经常说的一句口头禅就是："有时间我们一起掰面包啊"（We should break some bread together）。意思就是"咱俩一起吃饭"。所以记住：用手掰面包，面包没有刀叉的事儿。

M 区就是主菜区了。如果你是客人，单从摆盘就能看出当晚主人准备了几道菜。例如，上面这张图里左边有一大一小两把叉子，右边有一把沙拉刀、一把汤勺、一把正餐刀，正中上方摆了一把甜品叉子、一把甜品勺子。从这个摆台可以看出晚上的大致菜谱：一道沙拉、一道汤、一道主菜、一道甜点，总共四道。注意，西餐中的刀叉使用是有规则的，使用顺序是从外向内配合着菜品一个一个地使用。如上面这张图，最外面是沙拉刀，那肯定先上的菜就是沙拉。等吃完沙拉后，服务员会收走你的餐具（这里有一个细节，如果你的刀叉摆放不正确，服务员是不敢收走你的刀叉的，这一点我们下面会详细说）。第二道是汤，我们看到汤勺摆放在第二层，等你喝完汤，服务员收走了你的汤勺之后，就只剩下主菜的刀叉了。等主菜上完，盘子和刀叉被收走，那就剩下甜品了。吃甜品的时候，主人通常会问你要喝咖啡还是茶，用来配甜点。这就是西餐的基本顺序。

西餐和中餐有一个比较大的区别是：西餐是一道一道地上菜，一道吃完了再上下一道菜。而且是大家都结束一道菜后，下一道才会上，所以吃得慢的人会有压力，感觉大家在等自己。中餐也是一道一道上，但是不需要等你吃完了再上下一道。这些刀叉就是按照先吃的那道菜的刀具放在最外面的顺序，从外到里摆放的。

有的主人对刀叉非常讲究，牛排会配比较锋利的牛排刀，鱼配鱼刀，鱼刀没有牛排刀那么锋利，海鲜配海鲜叉，鱼骨头和虾皮剥下来都放在盘子右上角，盘子右上角是自己的小小"垃圾场"。主菜刀具就摆放在紧靠盘子的边上，也是所有刀叉离盘子最近的一层。

牛排刀叉

越隆重的晚宴，餐食道数就越多，酒水种类也越多。比较讲究的餐厅在各道菜品当中会加一道冰霜，目的是让大家把口中的味道去掉，准备好品尝下一道美食。

最后一道就是甜品，甜品通常是蛋糕、水果或者冰激凌。在法国，有可能把甜品换成芝士盘，因为法国人太爱吃芝士了。芝士盘其实是很昂贵的菜品，尽显主人的好客。通常搭配甜品的是咖啡或者茶。如果你选择咖啡的话，一定要告知主人加不加牛奶，通常糖缸是放在桌上自取的，有时也会由服务生上咖啡的时候递过来让你自取。牛奶通常有两种取法：一种是和糖一样，由服务生给你现场加，或者放在桌上自取；还有一种就是根据你点的情况，服务员上的时候用托盘给你端来整套放在你面前。如果你没有要牛奶，那可能上来的就是黑咖啡。另外，搅拌咖啡的小勺在搅拌时是前后搅拌而不是打圈圈，前后搅拌不容易让咖啡溢出，也更容易让糖溶化（如果放糖的话）。如果放在桌子上的糖和牛奶离你很远，你尽管大胆且有礼貌地让别人递给你，千万别忘了说"Could you please pass me the milk and sugar?"（麻烦您把牛奶和糖递给我）。这时用"Could you"就比用"Can you"要礼貌得多。

那么，服务生是怎么知道你吃完了而给你撤盘子和刀叉呢？这个表示吃完的信号是很重要的。是必须吃到光盘吗？其实不是。如果你还在吃，停下来的时候刀叉要八字摆放，叉齿朝下，刀锋向内。如果你吃完了，一定要把刀叉并拢摆放，可以是6∶30形式（英式），也可以是5∶20形式（法式），还可以是3∶15形式（美式）摆放，表示你吃完了，服务生就会来收盘子了。如果你一直八字摆到底，这在国内的西餐厅服务生不会太在意，国外的服务生就会问你是否用完，高级的餐厅服务生可能不敢来收。但如果是一个很多人的宴会，菜是一起一道一道上的，如果你没有吃完，其他人就会一直等着你吃完。在吃自助餐的时候，前面几道菜大家恐怕不太会等着，但是在甜点这一道大家都会相互等一下，会相互问一下"我们去拿甜点吗"？或者不问的话，看着差不多了，和大家一起去取甜点。如果其他人还都没有吃完主菜，你就把甜点拿好了，其他人会觉得有压力，会觉得自己吃得太慢了，就会设法加快速度。所以，吃西餐大家要相互照

叉齿向上刀锋朝里，5：20 式摆放（法式）

叉齿向上刀锋朝里，3：15 式摆放（美式）

叉齿向下刀锋朝里，八字摆放的信号是正在用餐

叉齿向上刀锋朝里，6：30 式摆放（英式）

应着吃饭节奏，这是一个统一节奏的活动。

W 区就是酒水区，酒水通常是红葡萄酒或者白葡萄酒。红葡萄酒配肉，白葡萄酒配鱼类和海鲜，有些比较隆重的宴会上两种酒都会供应。葡萄酒应倒到酒杯最宽的位置，喝酒时抓住杯柄，而不是杯身，否则手的温度会影响葡萄酒的味道。服务生会让主人先尝一下葡萄酒后再给客人斟酒，主人满意的话，服务生就给大伙儿倒酒（我从来没有见过哪个主人难为服务生说不好喝重开一瓶的情况）。

用餐礼节

讲究的晚宴在开始之前，主人会有一个鸡尾酒会（cocktail），提供一些 canapé 或者 Hors d'oeuvre（法语），在英文中被叫作 finger food（可以用手指抓取的小零食）。这些餐食基本上已经被切成很小块，所以用手拿着入口即可，记得用一张餐巾纸随时擦嘴和手。这种餐前酒会的目的是让大家先喝点酒并相互熟悉，不是用来顶饱的，这些餐食也是下酒菜。所以，酒会的目的就是纯粹交际，要注意留着肚子吃后面的正餐。鸡尾酒会通常是站着在客厅里的活动，到正餐时才会进入餐厅坐下就餐。

高雅的正餐并非炫耀你知道如何使用刀叉，而是润物细无声的自然过程。西餐礼节中有几个要注意的地方：主人或者女士开始动刀叉，其他人跟着启动，有时你是餐桌上唯一的女士，这时有可能大家在等你先动刀叉，所以先做一个判断；注意嘴里不要一下塞过多的食物，尤其是不要吃得腮帮子鼓起来。对于中国人来说，边吃饭边说话是很正常的，但老外最忌讳嘴里塞满食物的时候张嘴说话，因为让别人看到你口中正在咀嚼的食物是不雅观的，况且一说话嘴里的东西还会像飞沫一样飞出去，也不卫生。所以吃西餐时嘴里不能放得太满，要很卖力地咀嚼并迅速咽下去，因为你要准备随时被问到，如果嘴里食物不多可以随时咽下去，但食物很多的时候，你可以用手捂住嘴做一个优雅的吞咽动作，让对方等你片刻。西餐礼仪中还有一个忌讳就是从嘴里往外吐东西，如果有东西要从嘴里拿出来，需要有张餐巾纸或者淡定地从口中取出放到盘子右上角，这也是西方人在正式场合很少吃整鱼的原因，他们不会往外吐鱼刺。他们吃的鱼都是三文鱼、龙利鱼、海鲈鱼之类的鱼，而且是去骨的，最多是一根大骨头，用刀叉分离鱼骨后，把鱼骨放在盘子的右上角，如果盘子里有任何不想吃的或者不能吃的东西都可以放到盘子的右上角，比如虾皮、虾头、排骨的大骨头等。餐盘右上角是一个小小的"垃圾堆"，千万不要把骨头放到桌子上，更不要从嘴里往盘子里吐骨。

西餐中大家会相互祝胃口好（Bon appétit，法语），当大家互祝时，你可以同样回应"Bon appétit"。法国人的习惯是在正餐之前才说，其他国家的人会在第一道菜开始时说。这个习惯我们入乡随俗就好了。

如果是家宴的话，主人可能会让大家在公共的餐盘里面用公共的勺自取。你可以让其他人帮你传递，但记住使用"please""thank you"等敬语。如果是有酱汁的菜，优雅的吃法是把酱汁放在盘子一角蘸来吃，而不是把酱汁浇在菜肴上。如果是公共的蘸酱汁，绝对不能蘸后咬一口再到酱汁盘里蘸第二次，这是大家遵守的规则。席间的交流尽量照顾到左邻右舍，很愉快的用餐体验才是最优雅体面的。西餐的用餐礼仪就是一个取悦周围人的过程。主人通常会安排有共同语言和兴趣的人坐在你的左右或者对面，作为客人要尽量照顾到左右和对面的三个人，尽量每人都能说到话。当然谈话的内容无非是一些基本的信息，或者自己的职业、和自己相关的新闻等。但记住：社交场合基本不谈政治。

无论是家宴还是酒店举办的宴请，着装需要参照请柬上面的着装要求（dress code）。通常，午餐除了晚装之外穿什么都行；晚上的活动以 7 点为界，7 点之前只要是个裙子就可以了；7 点以后的晚宴，尤其是摆座位的晚宴（sit down dinner），我们需要穿得正式一点。这里说的正式一点，指的是暴露多一点，搭配高跟鞋和亮片，这种聚会感觉的着装会让主人觉得有面子，女主人会觉得你很重视这次活动。晚装搭配的更多细节请参照第三章内容。

优雅下午茶

下午茶源自英国，是 19 世纪英国安娜公爵发起的，当时是因为午餐和 8：00 的晚餐之间时间太长而流行起来的。下午 4：00 左右就是英式下午茶的时间，现在仍旧有英国人喜欢下午茶这个形式，但它已经不是人们每天的习惯了。当今最好的饮下午茶之地仍旧是伦敦的丽思卡尔顿酒店，它的生意好到要提前好几个月预订；香港半岛酒店的英式下午茶也是几十年如一日地生意好到爆棚，下午 3：00 多就有人开始等了。这种下午茶是坐在沙发上享用的 low tea，食品分三层：最下面一层是咸口味的手指三明治——迷你型的精致小三明治；第二层是司康饼（scone），配新鲜草莓酱或者奶油；第三层是迷你蛋糕。进行下午茶时，要从最下面一层吃到最上面一层，从咸的吃到甜的。茶可以配伯爵茶（Earl Grey），或者大吉岭茶（Darjeeling）。

和 low tea 对应的是 high tea。最早的 high tea 其实是过去英国的劳动阶层下午 6 点钟在高桌上吃的早晚饭。通常他们干体力活儿一天特别累了，不会等到 8 点再吃晚饭，通常 6 点钟就给自己准备些吃的，再泡上一杯浓茶。这种劳动阶层在高桌上的晚餐被英国人称为 high tea，现在，其他国家的人把英式三层高的下午茶都定义成了 high tea。

而苏格兰的 high tea 又有不同的意义，也就是除了应有的点心以外，还会有些热食，比如奶酪、三明治等，有点类似于简单的早晚餐。

无论英式下午茶被世人如何定义，总之，它是一个优雅、轻松、愉快的下午时光，可以和闺密或者朋友慢慢享用和度过。衣着可以是轻松的日妆连衣裙，配半高跟皮鞋或者芭蕾平底鞋，以淡雅和舒适飘逸为主。牛仔裤和晚装都是不合适的装束。

- 东西方之间的饮食差异 -

东西方文化差异的一个重要方面就是吃和怎么吃。法国人说"吃什么就是什么"，我觉得这种说法是有科学依据的。据说，你身体里面的菌群跟你长期吃什么有关，如果一家人都吃一样的东西，在长相上也会逐步趋同，最后产生了夫妻相。所以除了语言，吃什么以及怎么吃是文化的重要组成部分。

中国人出国不适应的地方之一就是餐厅不提供热水，外国人没有喝热水的习惯。如果你希望喝到热水，可以在任何餐厅点茶水，茶水上来的时候通常是一杯热水加上你要的茶包，这样至少你能喝到热水。如果是自助餐，那就很简单，直接去打热水就好。外国人喝茶的习惯是热水和茶叶分开取用，所以你只打热水，不放茶叶就好了。

可能是从小养成的习惯，西方人喜欢吃凉的，如果你给住你家的美国人倒一杯温水，他会觉得好奇：是要往这杯水里放茶叶吗？还是要我漱口用的？这是一个美国人在中国家庭住过之后问我的原话。西方人生孩子后先来一杯冰水，她们的理念是冰水可以收缩血管止血。我记得有一次一个芬兰媒体采访我，问了我好多中国人生孩子后的事情，事后芬兰的同事跟我说芬兰媒体报道了中国人坐月子的方法，就是采访我的那篇文章。对于西方人来说，坐月子就是一个神话故事。我之前每次从美国回来，要 3 个月时间才能把胃养回来。因为在美国的餐馆里，最先给你上的是一大杯冰水，酒店楼道里就有制冰机，随时供应冰块，胃里永远是冰冰的。在国外的很多地方，早餐会先给你上一杯冰水，确切地说是一扎！没有别的热饮，要不然就是咖啡。所以到美国，要喝热的只有咖啡或者茶，你要有这个思想准备。西方人如果胃疼，让人大开眼界的养胃方式就是喝冰可乐，他们觉得可乐是养胃的，而且一定要冰着喝。

– 西餐点餐贴士 –

　　在餐馆点餐时，通常有前菜和主菜，往往点一道前菜、一道主菜、一道甜品加咖啡或者茶。但你既可以只选择前菜，也可以只选择主菜。注意点餐时不要大喊服务员，或者打响指，这在外国人看来都是不礼貌的，如果你一直使用敬语"please ""thank you""May I""Could you"等，一定不会遭到服务生在后厨的"报复"（这种事情会发生）。如果你和朋友一起用餐，尽量和他点相同的道数，对方点前菜和主菜，你最好也点两道，这样不至于一个人吃前菜，另外一个人看着尴尬，而且西餐还有一起上菜的传统，两人点的道数不同，餐厅上菜就有点尴尬了。

　　如果点酒，就找服务生，好一点的餐厅可以找侍酒生（sommelier），你需要告诉他你喜欢什么样的酒、点的什么菜，并在酒单上的价格区域示意一下，这样侍酒生就明白你的价位并能帮你推荐合适的酒了。

　　在欧美餐馆，给小费也是一个用餐需要注意的细节。在餐馆里吃饭，美国的小费都有明确的标准：午餐小费是全部费用的10%~15%，晚餐小费是全部费用的15%~20%。美国服务生都靠小费挣钱，没有底薪，如果不给他们真的会不高兴。欧洲国家小费随意，有些明显标明有服务费的账单，可以不额外支付小费。如果去米其林餐厅吃饭，15%的小费是一个比较绅士和淑女的姿态，如果特别满意就给20%。需要注意的是，美国账单上的小费不是写的"tip"，而是写的"gratuity"。有些餐馆收费不高，就指着小费，账单上会写"小费不含在内"（Tips not included），这时候就一定要给。有的餐馆会写"小费已含"（Gratuity included），那就不需要额外支付了。有的餐馆会给你一个小费计算器，究竟是按 15%、18%，还是 20% 的比例支付，就根据你自己对餐食和服务的体验评估一下选一个就行。

- 西餐常见菜品 -

生蚝

在高端餐馆里，人们常点生蚝。生蚝是用左手拿住，右手挤上柠檬汁或者撒上洋葱粒，用生蚝叉子把生蚝肉叉起送到嘴里，剩下贝壳里的汤汁可以倒到嘴里喝掉。这道前菜需要下手拿。由于是下手拿，餐厅会准备柠檬水让客人洗手。

海鲜

海鲜主要指的是龙虾和对虾，如果是龙虾，可以用手把虾钳子掰下来，随后用龙虾专用钳子把龙虾钳子夹碎剥开，用叉子吃里面的肉，然后在龙虾尾处开刀，享用龙虾尾，最后把剩下的虾脚剥开吃掉。如果餐厅没有提供龙虾钳子和叉子，那龙虾肯定是用钳子夹好的，可以直接用手吃。现在餐馆基本都是上一只中间破好的龙虾，肉和皮是分离的，所以只要用刀叉一点一点吃即可。大虾需要用刀叉把头先去掉，一破两半，一点一点叉起来吃。其他的贝类海鲜，餐厅会给客人准备一个海鲜叉子，可以把肉挑出来吃。

牛排

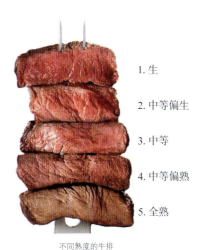

1. 生

2. 中等偏生

3. 中等

4. 中等偏熟

5. 全熟

不同熟度的牛排

牛排是最经常点到的菜品，点牛排大概率会发生的事件是，服务生会问你牛排要几成熟（How do you like your steak）。通常你有这样几个选择：生、中等偏生、中等、中等偏熟、全熟。

意大利面

除了牛排以外，经常吃到的西餐就是意大利面了。意大利面食统称"Pasta"，包括比萨，但主要指意大利面。意大利面的种类很多，有宽的，有细的，还有千层面。这些面一般都是配各种汤汁。最传统的是肉酱意面，还有奶油汁培根面、海鲜意大利面，以及其他各种有当地特色的面食。吃意大利面时，服务生会在你盘子右边放一把汤勺，左边放一把叉子，而你在吃的时候需要左右交换过来，用叉子叉起一小卷面顶着左手拿的勺子卷成可以放入口中的小卷，用叉子送入口中。这种吃法不会吃得满嘴都是意大利面酱。但意大利家常吃法是用勺和叉子把意面叉起来拌匀后，放下勺子，只用叉子吃。通常，意面吃法是不用刀叉去切的，虽然也有老外这么做，但那在西方被认为是不高雅的举止。有的意大利餐馆会问你要不要加芝士粉，喜欢芝士的朋友可以选择。

国际旅行清单

随着出行变得越来越便利，出国旅游对我们来说也不是什么难事。最后，我根据自己的经验，给读者朋友列一份国际旅行清单，提醒读者朋友出国旅行时需要带哪些东西，希望能对你有所帮助。

护照和签证	对于经常去的国家，最好准备多次往返的商务签证，这样可以说走就走。现在，一些欧洲国家的签证办得都很快，法国签证去中智法签 5 个工作日一定能拿到。一旦拿到 10 年有效的美国签证，每两年在网上办理 EVUS（签证更新电子系统）就可以。有些多次入境签证，在紧要关头可以节省时间。
机票预订	携程是我的首选，有一些经常用的机票供应商，它们对某些航线的机票有价格优势，还有的可以拿到很好的公务舱价格，可以作为备选。我的个人习惯是不直接在航空公司官网买票，因为这样需要使用很多 App 来管理和比价。而使用这些中介的话，相当于它们就是你的秘书，为你解决不同网站比价的麻烦。好的供应商甚至帮你选好座位，这样节省大量的时间。我对于旅行的要求是，再贵也要直飞，而且不要在半夜起飞或者半夜到达目的地。这样其实很消耗精力，会影响第二天甚至好几天的效率，好几天都在倒时差什么都干不成，如果在酒店倒时差就更亏了。

（续表）

酒店预订	我现在出国使用 Booking.com（缤客网）比较多，如果住民宿就用爱彼迎比较方便。订房一定要注意是否可退这一条。需要注意的是：有的酒店可以接受随时退订，只需要信用卡担保一下，只要一天前都可以退订；有的酒店有不同的房间，有的房间因为价格便宜，所以是不可退订的。这就需要你根据自己的行程是否会取消来决定是否选择便宜的不可退订的房间。在爱彼迎上订的房间一旦预订生效，24 小时后就是不可退的，如果一定要退，只能退 50% 的费用。2020 年 1 月暴发的新型冠状病毒疫情使我不得不临时取消了去美国的行程，并且退了在爱彼迎预先订好的房间。经过跟房主和客服的沟通，他们对我的情况很理解，立马就给我做了全额退款。 此外，预订房间的位置也很重要。如果我去巴黎的展会，一定选在地铁沿线，而且到展会最多倒一次车的地方，这样比较节省时间和精力。如果是度假，一定离海边很近的地方，有时和海边隔着一条街我都不会选择。
保险	由于国外的医疗非常昂贵，没有保险自付医疗费会是天价。所以，千万别忘了临行之前买出境意外保险。从理赔速度等方面考虑，我经常使用德国的安联保险。
各种收纳包	准备一个随时能拿走的收纳包（go bag）： A. 旅行装的盥洗用品：卸妆液、洗面奶、爽肤水、精华、面霜、眼霜、防晒霜、面膜等。 B. 经常用到的杂物：化妆棉、牙签、针线包、指甲刀（很小的，从来没有被安检没收过）。 C. 常服用的药品和维生素。 D. 有 3 样东西欧美酒店不会准备：牙刷牙膏、浴帽和一次性拖鞋。 E. 全世界通用的插座转换器、手机充电器等。 F. 彩妆包：粉底液、粉饼、眼影、睫毛膏睫毛夹、刷子。 G. 证件包：护照（确保在有效期并有空余的海关盖章页）、行程单（建议把机票行程单打印出来，国外航空公司的电脑和国内的联网情况以及信息分享情况很复杂，但电子机票号是唯一的）、驾照英文公正件。 H. 零钱包：我平时会准备若干个零钱包：分别装美元、欧元等，去哪里就拿哪个。去其他国家就临时换钱。

| 各种收纳包 | I. 各种信用卡卡包，如果之前关闭了信用卡的境外消费，请开通，同时通知国内的银行你去哪个国家，这样一旦有消费，尤其是大额的，银行不会马上给你打电话。
J. 目的国电话 SIM 卡（如果有的话）。
这个收纳包我每次出差回来都会更新所有消耗掉的用品。万一要走，马上拿上就可以。 |
| 对应的电子文档 | 以上清单我有两个备份，一份存在 iCloud 苹果公司的云端服务里，另外一份存在电脑里。我会随时更新这两个文件，把它们在手机和电脑上同步，用哪个查询都可以。 |

了解了以上各项礼仪和规则，把地球作为自己的边界就不是一件让人觉得可畏或者疑惑的事了。扩大舒适圈，会是一件令我们兴奋和向往的事情。

后　记

品位生活是选择的结果，不是财富的必然

　　前面我们介绍了和品位以及和美学直接或间接相关的林林总总，分享了各种选择及其结果。这些内容是生活美学的粗浅基础。了解这些信息后，你就完成了从 0 到 1 的生活美学积累，从 1 到 2 需要大家去融会贯通、举一反三，进行再创造。

　　品位是一种全方位的从美学、视觉甚至从心理上使人愉悦并愉悦自己的技能。它不会一蹴而就，是一个自我约束、自我训练、自我更新、自我提升，以至于不断创造出独一无二的视觉选择、视觉展现的过程，是一个不断修炼自我获得的结果。这个结果可以享用终生、使人愉悦，是无法通过金钱买到的。你或许可以雇用造型师帮你，雇用衣橱整理师帮你，雇用室内陈设师帮你，而你的仪态、谈吐、举手投足是需要自己修炼的，它们是一面镜子，折射出你内心的一切。要达到这种境界没人可以帮你。就算专业人员可以帮你一时，你也要自己持续地维护，因为

他们不可能时刻跟随你。

那么，到底如何学习选择和创造品位生活？我觉得可以通过以下几点。

保持一颗好奇心，打破一成不变的规律生活，去探索不同的世界。我觉得首先要好奇，才能喜欢，喜欢那种有调性、有氛围的生活，情不自禁地去关注和品位相关的一切。比如看到任何场景的颜色搭配，我都会驻足，无论是在大街上还是在美剧里，都会去找打动我的原因。遇到喜欢的建筑设计、室内设计，我会立刻感觉时间被按了暂停键。如果长期在一个城市，或者在一个范围内生活，除非找到了吸引我的其他爱好，否则我会觉得抓狂，需要换一个环境，哪怕只是登上了飞机，那一刻的灵感也会像过电影一样都来了。

观察到底什么能打动你。品位没有统一标准，个体差异非常大，重要的是能感动自己，同时能够让和你品位相近的人欣赏。而且当下能打动你的东西，或许过两年以后就不再打动你了，这说明你的品位在进阶。我时常去翻看自己之前收集的图片，有的仍旧喜欢，那些就是真爱了，有的不再喜欢了，可能是自己对某种元素的喜欢已经变化了。每个人的品位是不同的，有人喜欢优雅的爵士乐，有人喜欢行云流水般的钢琴独奏。我喜欢现代设计，但不是先锋式的流行设计；我喜欢简约设计，也喜欢新古典主义的设计。我喜欢纯净的白色，看到白色的厨房、白色的四壁、白色的床品，我的内心顿时就能获得宁静。而我姐姐是看到红色就心花怒放，她老说白色的房间很像医院。好吧，品位没有好坏。假设我再装修一次房子，还会使用现在居住空间里的一些设计手法，但会把结构重新策划，更开放些，让视野更开阔。

周游世界是让自己内心的边界扩大，看到更多不同的文化，更多的艺术、设计、色彩，并由此获得灵感。每次去巴黎，我都会去几个人群密集的地方看行人：香街、圣日耳曼或者老佛爷。去旧金山，除了去联合广场逛一圈，我更喜欢坐在斯坦福的大厦里看人流。我从来不代购，也基本不给自己买什么，我觉得自己出来的目的不是节省差价，那点差价太有限了。我是为了看世界，明白在更大的范围内"我"渺小到什么程度，有哪些差异是我感兴趣的。

多去博物馆和美术馆，练就对艺术的敏感。这点我做得不够好，或许我的艺术造诣还不够，但我在罗浮宫和罗丹美术馆能待两三个小时。尤其是罗浮宫，我去过3次了，里面有太多元素和灵感了，每次去都能让大脑操作系统及时更新。我喜欢在798里面逛，喜欢看朋友们的作品。我其实喜欢抽象艺术，也喜欢轻松的插画。

多留意艺术、文化、时尚变化。上小学的时候没有什么时尚杂志，但我真的太喜欢看时尚相关信息了，上海南京路上的橱窗都能满足我的好奇心。现在网络这么发达，足不出户就能获取特别多的信息。我会收集相关的微信公众号、海外网店，还有各种和设计相关的App，这些都是我的精神食粮。当然，如果有机会，我还是会去高端商城看陈列，这种体验感和看图片还是有较大差异的。有关流行趋势的看法，重要的是了解，但绝对不能被它引领。爆款不一定是有品位的单品，有可能是昙花一现。比如当下的百褶裙、阔腿裤都不会有太持久的生命力。有些是趋势性的流行，比如廓形，这种趋势比较适合现代人的生活方式；大家喜欢的宽松休闲风格，比如休闲百搭的服饰。这两者都会持续好几年甚至十年。有些是不会随着流行而改变的存在：黑白搭配、几何图案设计等元素永远不会过时。在家居设计中，开放式的家居格局、打通厨房和餐厅，甚至和客厅打通，就是长久的趋势。

学到一些知识并有一定的积累后，你就知道如何使用它们去展示自己、包装自己，使自己与众不同，同时从中获得极大的满足和快乐了。这种满足来自创造和被肯定。这种感觉特别棒。

所以，生活品位和财富没有必然的联系，而是自在和明智的选择，遵从自己的心愿才是真。最后，我想说的是，生活需要取舍，不在于数量，而在于质量。巴黎女人的哲学是：如果你只有一件毛衣，确保它是羊绒的，选择自己的生活，从容地做一个国际公民。

品位意味着擦拭出一颗原本美丽剔透的心灵。擦亮一双美丽的眼睛，你就能看到世界美丽的真相！

图片感谢

感谢古琦时装（北京）有限公司提供的 MARJA KURKI 品牌相关图片。

感谢迪古里拉（TIKKURILA）中国有限公司提供相关图片。

感谢 www.pexels.com 网站提供以下相关图片：

摄影师：Vecislavas Popa

图片提供：Pixabay

摄影师：Curtis Adams

图片提供：Houzlook .com